人体工程

与环境设计（第二版）

杨玮娣　袁越　林蜜蜜　编著

普通高等教育 艺术设计类
"十二五"规划教材·环境设计专业

中国水利水电出版社
www.waterpub.com.cn

内 容 提 要

　　全书采用图文结合的方式，生动直观地阐述了人体工程学与环境设计的方方面面。内容主要包括人体工程学基础、人体工程学与家具设计、人与室内环境、人体工程学与室内设计及人体工程学与室外环境设计。书中的图片大部分来自作者平时的资料积累和设计图稿，一小部分来自国外最新最好的设计图书。通过对实例的介绍和分析，探讨了为人们提供经济、舒适、健康、安全的室内环境的基本理论和方法。

　　本书适合高等院校、高职高专，成人、函授、网络教育，自学考试及专业培训等室内设计、家具设计、环境设计、工业设计等专业学生作为教材使用，也可用作专业工作者的参考资料。

图书在版编目（CIP）数据

人体工程与环境设计/杨玮娣，袁越，林蜜蜜编著
—2版 .—北京：中国水利水电出版社，2013.4（2016.1重印）
普通高等教育艺术设计类"十二五"规划教材 . 环境
设计专业
ISBN 978 - 7 - 5170 - 0764 - 7

Ⅰ.①人…　Ⅱ.①杨…②袁…③林…　Ⅲ.①工效学
-高等学校-教材②室内环境-室内装饰设计-高等学校
-教材　Ⅳ.①TB18②TU238

中国版本图书馆CIP数据核字（2013）第074529号

书　　名	普通高等教育艺术设计类"十二五"规划教材·环境设计专业 **人体工程与环境设计（第二版）**	
作　　者	杨玮娣　袁越　林蜜蜜　编著	
出版发行	中国水利水电出版社 （北京市海淀区玉渊潭南路1号D座　100038） 网址：www. waterpub. com. cn E - mail：sales@waterpub. com. cn 电话：（010）68367658（发行部）	
经　　售	北京科水图书销售中心（零售） 电话：（010）88383994、63202643、68545874 全国各地新华书店和相关出版物销售网点	
排　　版	中国水利水电出版社微机排版中心	
印　　刷	北京嘉恒彩色印刷有限责任公司	
规　　格	210mm×285mm　16开本　11.25印张　372千字	
版　　次	2005年8月第1版　2005年8月第1次印刷 2013年4月第2版　2016年1月第2次印刷	
印　　数	3001—5000册	
定　　价	40.00元	

第二版前言

本书第一版属于"现代艺术设计系列教材·室内设计专业"丛书之一，由于反响良好，该书被整合到"普通高等教育艺术设计类十二五规划教材·环境设计专业"系列。第二版是在第一版教材重印、修订了几次的基础上进行改版的，同时，根据需要进行了图片的更换和局部章节的增加与删减，使内容更贴合当下高校艺术设计教学的需要，也更能展现较为系统的理论知识和方法。

在第二版中，北京工业大学的杨玮娣老师负责本书整体章节的构建，第1章，第2章，第4章和第5章的全部编写。山东英才学院的袁越老师参与了本书第2章，第3章的修改和第6章的编写。北京工业大学的林蜜蜜老师参与了本书第6章的案例图片编辑。在此对几位老师认真严谨的态度和辛苦敬业的精神表示感谢。

同时感谢中国水利水电出版社的淡智慧编辑，为本书的出版给予了大量的支持和帮助。此外，李永君、周明、张帆及所有对本书给予过帮助的人，在此表示衷心的感谢。

编者

2013 年 3 月

第一版前言

本书属于"现代艺术设计系列教材·室内设计专业"丛书之一。根据专业教学大纲的要求编写，主要包括五个部分：绪论、人体工程学基础、人体工程学与家具设计、人与室内环境、人体工程学与室内设计。采用图文结合的方式，生动直观地阐述了人体工程学与室内设计的方方面面。书中的图片大部分来自作者平时的资料积累和设计图稿，一小部分来自国外最新最好的设计图书。通过对实例的介绍和分析，探讨了为人们提供经济、舒适、健康、安全的室内环境的基本理论和方法。

本书适合室内设计、家具设计、环境艺术设计、工业设计等专业的院校学生作为教材使用，也可用作专业工作者的参考资料。

在本书编写的过程中，得到了清华大学美术学院宋立民老师的支持，为该书提出了宝贵的修改意见，此外出版社的编辑李亮也给予了大力的支持和帮助，还有李永君、刘浩、袁汇江、肖志刚、陈乃成、张帆以及所有对本册教材给予帮助的人，在此表示衷心的感谢。

编者

2004 年 11 月

目 录

第二版前言

第一版前言

第1章 绪论 /2

1.1 人体工程学的起源和发展 /2

1.2 人体工程学的含义 /4

1.3 人体工程学的研究内容 /4

作业及思考题 /4

第2章 人体工程学基础 /5

2.1 人体测量知识 /5

2.2 人体的感知系统 /13

2.3 运动及输出系统 /24

作业及思考题 /28

第3章 人体工程学与家具设计 /29

3.1 人体基本动作 /29

3.2 椅子 /29

3.3 床 /49

3.4 桌类 /51

3.5 柜类家具 /58

3.6 古典家具 /61

作业及思考题 /62

第4章 人与室内环境 /63

4.1 人的行为与环境 /63

4.2 室内热环境 /64

4.3 室内光环境 /66

4.4 室内声环境 /77

4.5 室内空气环境 /79

作业及思考题 /80

第5章 人体工程学与室内设计 /81

5.1 人体工程学在室内设计中的意义 /81

5.2 室内空间与基本尺寸 /81

5.3 人体工程学在室内设计中的应用 /103

作业及思考题 /159

第6章 人体工程学与室外环境设计 /161

6.1 室外环境及人的行为心理 /161

6.2 室外踏步与坡道 /164

6.3 室外坐具设计 /166

6.4 停车设施设计 /168

附录 /170

参考文献 /173

第1章 绪论

1.1 人体工程学的起源和发展

提到人体工程学，人们就会不由自主地把它和工业化、现代化联系起来，但它的产生并不是突然的。回溯历史，在人类发展的每个阶段都影印着人体工程学的潜在意识，只是人们还不知道对它进行归纳总结，形成理论。即使是在遥远的上古时代，从那些尘封已久的文物中，依然能感受到它的存在。正是这些在历史发展中不断积累起来的经验，对日后产生的人体工程学奠定了非常重要的基础。

自从有了人类，有了人类文明，人们就一直在不断改进自己的生活质量，正是在人们的创造与劳动中，人体工程学的潜在意识开始产生，这些可以从现有出土的大量文物中看出。例如：旧石器时代制造的石器多为粗糙的打制石器，造型也多为自然形，棱角分明不太适于人的使用；而新石器时代的石器多为磨制石器，表面柔和光滑，造型也更适于人的使用，见图 1-1；盛放物品的陶器和其他器皿，在颈口有耳，便于提拿，在增加了美观性的同时更是功能上不可缺少的部分，见图 1-2～图 1-4；中国古代的三足两耳鼎，最初是用来煮食物的，三足立在地上，在足间可以直接用火加热，使煮饭更为方便，两耳的设计是为了挪移的需要，见图 1-5。因此可以说，人体工程学的意识和宗旨是在人们的劳动和实践中产生，并伴随着人类技术水平和文明程度的提高而不断发展完善。

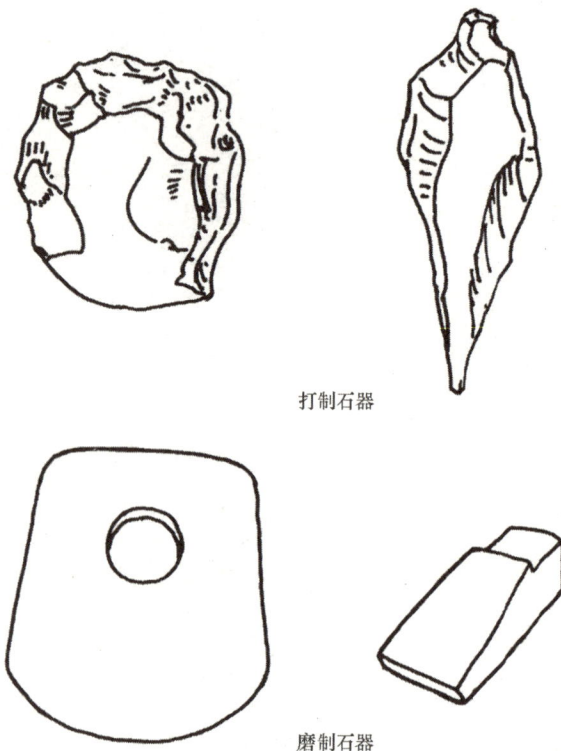

打制石器

磨制石器

图 1-1 打制石器和磨制石器

图1-2 陶罐（一）

图1-3 陶罐（二）

图1-4 古埃及的玻璃制品

图1-5 三足两耳的鼎

    人体工程学作为一门学科的兴起与工业革命是分不开的。自工业革命以来，安全、健康、舒适已成为人们关注的问题，在欧美尤其受到学者们的重视。早在20世纪初，美国学者F.W.泰罗（1856—1915）就在传统管理方法的基础上，首创了新的管理方法和理论，研究怎样操作才能省时、省力、高效，并制定了一整套以提高工作效率为目的的制作方法，被称作"泰罗制"，这也是人们从理论上对人体工程学进行归纳研究的开始。

    人体工程学的发展大致经历了以下3个阶段。

    第一个阶段：人适应机器。

    在第一次世界大战期间，英国成立了工业疲劳研究所，但人体工程学的研究还不是很普遍。这个阶段主要的研究者大多数是心理学家，研究也主要集中在从心理学的角度，选择和培训操作者，使人能更好地适应机器。

    第二个阶段：机器适应人。

    在第二次世界大战期间，随着人们所从事的劳动在复杂程度和负荷量上的变化，改善劳动条件和提高劳动效率成为最迫切要解决的问题。于是在美国，人体工程学的研究首先在军事和航天领域得到了巨大发展，为人体工程学日后的发展奠定了坚实的基础。在这个阶段，由于战争的需要，新式武器和装备在使用过程中暴露了许多缺陷，比如飞机驾驶员误读高度表意外失事、座舱位置安排不当导致战斗中操纵不灵活、命中率降低导致意外事故等。研究人员深深感到"人"的因素的重要，要设计一个高效能的装备或武器，不仅要考虑技术和功能问题，还要考虑人的生理、心理、生物力学等各方面的因素，力求使机器更适应人。

第三个阶段：人—机—环境互相协调。

20世纪60年代以后。随着人体工程学涉及的领域不断扩大，其研究的内容也和现代社会紧密相连，仅停留在"人—机"之间的研究已远远不能满足社会的需要，环境、能源问题已是人们不容回避的现实，于是人体工程学也进入了一个新的发展阶段。"人—机—环境"成为这个阶段主要的研究内容，它涉及的知识领域相当广泛，目的是使人—机—环境能更好地协调发展。各国把人体工程学的实践和研究成果，迅速有效地运用到空间技术、工业生产、建筑及室内设计中，1961年创建了国际人类工效学学会（IEA），从而有利推动了该学科不断向更深的方向发展。

及至当今，社会发展向后工业社会、信息社会过渡，人体工程学提倡"以人为本"，为人服务的思想，强调从人自身出发，在以人为主体的前提下研究人们的衣、食、住、行以及一切与生活、生产相关的各种因素如何健康、和谐地发展。这也将成为人体工程学研究的主要内容。

1.2　人体工程学的含义

人体工程学（Human Engineering），也称人类工程学、人间工学或工效学（Ergonomics）。工效学 Ergonomis 由希腊词根"Ergo"，即"工作、劳动"和"nomis"即"规律、效果"复合而成，主要探讨人们劳动、工作效果和效能的规律性。由于该学科研究和应用范围较广，各学科、各领域、各国家对该学科的名称提法也不统一，常见的名称还有：人机工程学、人类工程学、工程心理学、人因工学、生命科学工程等。不同的名称，其研究的重点只是略有差别。在室内设计领域中，人体工程学的叫法比较普遍。

人体工程学是研究"人—机—环境"系统中人、机、环境三大要素之间的关系，为解决该系统中人的效能、健康问题提供理论与方法的科学。人体工程学联系到室内设计，其含义为："以人为主体，运用人体测量、生理、心理测量等手段和方法，研究人体的结构功能、心理、生物力学等方面与室内设计之间的协调关系，以适合人的身心活动要求，取得最佳的使用效能，其目标是安全、健康、高效能和舒适。人体工程学与有关学科以及人体工程学中人、设施和室内环境的相互关系。"

本书正是从室内设计的角度来研究人体工程学，为了进一步说明定义，下面就对人、设施、室内环境这个系统作几点说明。

（1）人、设施、室内环境三个要素中，"人"是指使用者，人的心理特征、生理特征以及人适应设备和环境的能力都是重要的研究内容。"设施"是指为人们的生活和工作服务的工具，能否适合人类的行为习惯，符合人们的身体特点，是人体工程学探讨的重要问题。"室内环境"是指人们工作和生活的环境，噪声、照明、气温、人的行为习惯等环境因素对人的工作和生活的影响，是研究的主要对象。

（2）"系统"是人体工程学最重要的概念和思想。本书不是孤立地研究人、设备、室内环境这三个要素，而是从系统的总体高度，将它们看成是一个相互作用，相互依存的系统。

1.3　人体工程学的研究内容

人体工程学研究的主要内容大致分为3个方面：①人体特性的研究，包括人体测量参数、心理学、生理学、解剖学等方面；②人机系统的整体研究；③环境及安全性的研究。

从人体工程学研究的问题来看，涵盖了技术科学和人体科学的许多交叉问题。它涉及了很多不同的学科，包括生理学、心理学、解剖学、工程技术、劳动保护、环境控制、仿生学、人工智能、控制论、信息论和生物技术等众多的学科。

作 业 及 思 考 题

1. 人体工程学研究的内容和目的。

2. 通过实际的市场调研，对"人体工程学在室内设计中的意义和应用"进行归纳分析，写出调研报告，字数不少于1000字。

第2章　人体工程学基础

2.1　人体测量知识

2.1.1　人体测量数据的来源

对人体的关注早在 300 年左右就已经开始了。1492 年达·芬奇整理出著名的人体比例图，它显示了一种理想的人体比例关系，即一个人双臂的伸展距离和身体的高度相等（见图 2-1）。对人体比例的研究成为后来人体测量的基础。

人体测量学创立于 1940 年，当时积累了大量的数据，但经过几十年的发展，很多数据需要修订，可是要有一个全国范围内的人体各部位尺寸的平均测定值是一项繁重而细致的工作，因此，在设计中要具体到某个人或某个群体（国家、民族、职业）的准确数据是非常困难的。目前我们在设计中依据的数据来源主要有以下几个：1962 年建筑科学研究院发表的《人体尺度的研究》中有关我国人体的测量值；1988 年我国正式颁布的《中国成年人人体尺寸》（GB 10000—88）；1991 年颁布的《在产品设计应用人体尺寸百分位数的通则》（GB/T 12985—91）；1992 年公布的《工作空间人体尺寸》（GB/T 13547—92）等国家标准。

2.1.2　人体测量数据的分类

人体尺寸的测量可分为两类，即构造尺寸和功能尺寸。

（1）构造尺寸。构造尺寸是指静态的人体尺寸，它是人体处于固定的标准状态下测量得到的数据。可以测量许多不同的标准状态和不同部位，如身高、手臂长度、腿长度等。它与人体直接接触的物体有较大关系，主要为人们的生活和工作所使用的各种设施和工具提供数据参考。

（2）功能尺寸。功能尺寸是指动态的人体尺寸，是人在进行某种功能活动时肢体所能达到的空间范围，它是在动态的人体状态下测得的数据。对于大多数的设计问题，功能尺寸可能更有广泛的用途，因为人总是在运动着，人体结构是一个活动的、可变的、而不是保持一定状态僵死不动的结构。

2.1.3　人体测量的方法

（1）形态测量。形态测量主要测量长度尺寸、体形（胖瘦）、体积、体表面积等。

（2）运动测量。测定关节的活动范围和肢体的活动空间，如动作范围、动作过程、形体变化、皮肤变化等。

（3）生理测量。测定生理现象，如疲劳测定、触觉测定、出力范围大小测定等。

2.1.4　人体尺寸的差异

由于各种复杂的原因，人体尺寸测量仅仅着眼于积累资料是不够的，还要进行大量细致的分析工作。个体与个体之间，群体与群体之间，在人体尺寸上存在很多差异，不了解这些就不可能合理地使用人体尺寸的数据，

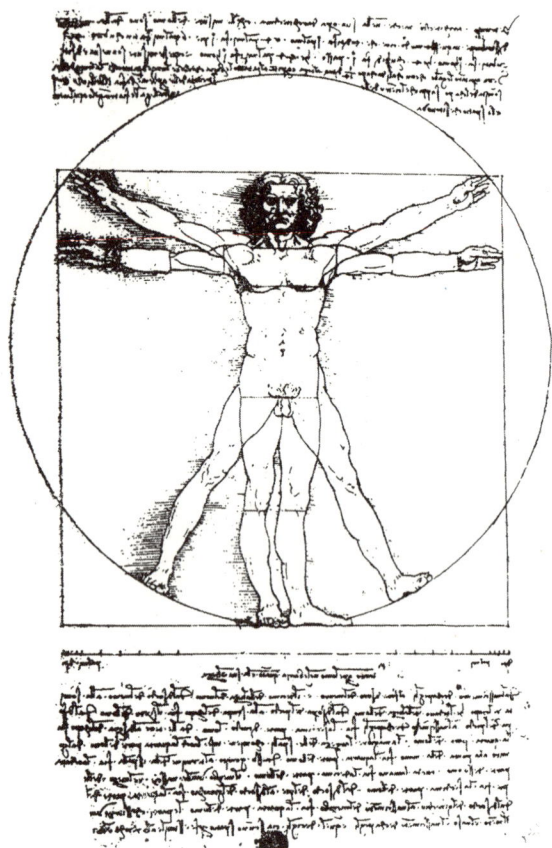

图 2-1　人体比例图

表 2-1　　部分国家及地区人体身高平均值及标准差　　单位：cm

序号	国家与地区	性别	身高 H	标准差 SD
1	美国	男	175.5（市民）	7.2
		女	161.8（市民）	6.2
		男	177.8（城市青年 1986 年资料）	7.2
2	原苏联	男	177.5（1986 年资料）	7.0
3	日本	男	165.1（市民）	5.2
		女	154.4（市民）	5.0
		男	169.3（城市青年 1986 年资料）	5.3
4	英国	男	178.0	6.1
5	法国	男	169.0	6.1
		女	159.0	4.5
6	德国	男	175.0	6.0
7	意大利	男	168.0	6.6
		女	156.0	7.1
8	加拿大	男	177.0	7.1
9	西班牙	男	169.0	6.1
10	比利时	男	173.0	6.6
11	波兰	男	176.0	6.2
12	匈牙利	男	166.0	5.4
13	捷克	男	177.0	6.1
14	非洲地区	男	168.0	7.7
		女	157.0	4.5

注　本表中除注明年代者外，其余均为 20 世纪 70 年代数据。

也就达不到预期的目的。影响个体和群体差异的主要因素有以下几个方面。

1. 种族差异

不同的种族，由于遗传等诸多因素的影响，人体尺寸的差异是十分明显的，例如从越南人的 160.5cm 到比利时人的 179.9cm，高差幅竟达 19.4cm。表 2-1 提供的数据清楚地看出各个国家之间存在的差异。

2. 世代差异

在过去 100 年中，人们生长加快（加速度）是一个特别值得关注的问题，子女们一般比父母长得高，欧洲的居民预计每 10 年身高增加 10～14mm。最近的调查表明 51% 的男性高于或等于 175.3cm，而 1960～1962 年只有 38% 的男性达到这个高度。

3. 地区差异

不同地区，其生活习惯、地理环境等的不同，人体差异也较大，如东北人普遍高于南方人，见表 2-2。

4. 性别、年龄和职业

一般来说，女人比男人娇小，某些项目的运动员身材远远高于普通人。

2.1.5　百分位和平均值

1. 百分位的概念

对某一尺寸在一定范围内进行数值分段，我们用百分位表示人体尺寸等级。在设计中常用的百分位有第 5 百分位，第 50 百分位和第 95 百分位，设计时根据使用对象，选用其中的尺寸数据作为设计的参考。例如我们若以身高为例，第 5 百分位的尺寸表示有 5% 的人身高等于或小于这个尺寸；第 95 百分位则表示有 95% 的人等于或小于这个尺寸；第 50 百分位为适中的身高。第 50 百分位的数值可以说接近平均值，但绝不能理解为有"平均人"这样的尺寸。

表 2-2   中国 6 个地区的身高、体重、均值的比较

项目 \ 地区		东北华北	西北	东南	华中	华南	西南
		均值	均值	均值	均值	均值	均值
男（18～60岁）	体重（kg）	64	60	59	57	56	55
	身高（mm）	1693	1684	1686	1669	1650	1647
女（18～55岁）	体重（kg）	55	52	51	50	49	50
	身高（mm）	1586	1575	1575	1560	1549	1546

2．平均值的谬误

在选择数据时，把 50％作为平均值那就错了，这里不存在"平均人"，第 50 百分位只说明你所选择的某一项人体尺寸有 50％的人适用。事实上几乎没有任何人真正够得上"平均人"，美国的 Hertz - bexy 博士在讨论关于"平均人"的时候指出："没有平均的男人和女人存在，或许只是个别一两项上（如身高、体重或坐高）是平均值。"因此这里有两点要特别注意：一是人体测量的每一个百分位数值，只表示某项人体尺寸；二是绝对没有一个各项人体尺寸同时处于同一百分位的人。

3．具体设计中应遵循的原则

（1）由人体总高度、宽度决定的物体，如（门、通道、床），其尺寸应以第 95 百分位的数值为依据。

（2）由人某一部分决定的物体，如（臂长、腿长决定的座平面高度和手所能触及的范围），其尺寸应以第 5 百分位的数值为依据。

（3）目的不在于确定界限，而在于确定最佳范围时，如（门铃、插座、电灯开关），应以第 50 百分位的数值为依据。

（4）可调节性，在某些情况下，我们选择可以调节的做法，可以扩大使用的范围，并可使大部分人的使用更合理和理想。

2.1.6 常用人体测量数据

1．人体静态测量数据

我国成年人最常用的是 10 项人体构造上的尺寸，它们是：身高、体重、坐高、臀部至膝盖长度、臀部的宽度、膝盖高度、膝弯高度、大腿厚度、臀部至膝弯长度、肘间宽度。图 2-2 及对应的表 2-3～表 2-6 是常用功能尺寸。

2．人体动态测量数据

人总是在运动着，人体关节能活动的方向和范围各不一样，在设计中对人体动态测量数据的了解和掌握是非常必要的。

（1）人在不同姿势下的活动空间尺度。人在不同姿势下作业时，所需要的活动空间尺度也是不同的，以下几种主要作业姿势所需要的空间尺度，可以作为设计时的参考，参见图 2-3：①立姿的活动空间；②坐姿的活动空间；③单腿跪姿的活动空间；④仰卧的活动空间。

（2）常用的功能尺寸。表 2-7 是我国成人男女上肢功能尺寸，表列数据均为裸体测量结果，使用时应增加修正余量。

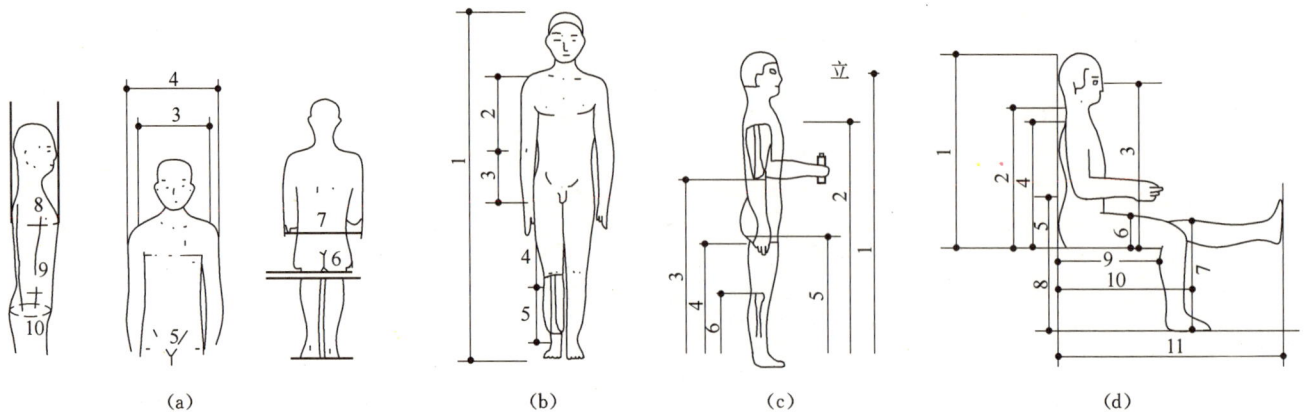

図 2-2 人体常用功能尺寸

（a）人体水平尺寸及部位；（b）人体主要尺寸及部位；（c）人体立姿尺寸及部位；（d）人体坐姿尺寸及部位

表 2-3　　　　　　　　　　　　　　立 姿 人 体 尺 寸

测量项目（mm）	年龄分组 百分位数	18～60 岁（男）							18～55 岁（女）						
		1	5	10	50	90	95	99	1	5	10	50	90	95	99
1. 眼高		1436	1474	1495	1568	1643	1664	1705	1337	1371	1388	1454	1522	1541	1579
2. 肩高		1244	1281	1299	1367	1435	1455	1494	1166	1195	1211	1271	1333	1350	1385
3. 肘高		925	954	968	1024	1079	1096	1128	873	899	913	960	1009	1023	1050
4. 手功能高		656	680	693	741	787	801	828	630	650	662	704	746	757	778
5. 会阴高		701	728	741	790	840	856	887	648	673	686	732	779	792	819
6. 胫骨点高		394	409	417	444	472	481	498	363	377	384	410	437	444	459

表 2-4　　　　　　　　　　　　　　人 体 水 平 尺 寸

测量项目（mm）	年龄分组 百分位数	18～60 岁（男）							18～55 岁（女）						
		1	5	10	50	90	95	99	1	5	10	50	90	95	99
1. 胸宽		242	253	259	280	307	315	331	219	233	239	260	289	299	319
2. 胸厚		176	186	191	212	237	245	261	159	170	176	199	230	239	260
3. 肩宽		330	344	351	375	397	403	415	304	320	328	351	371	377	387
4. 最大肩宽		383	398	405	431	460	469	486	347	363	371	397	428	438	458
5. 臀宽		273	282	288	306	327	334	346	275	290	296	317	340	346	360
6. 坐姿臀宽		284	295	300	321	347	355	369	295	310	318	344	374	382	400
7. 坐姿两肘间宽		353	371	381	422	473	489	518	326	348	360	404	460	478	509
8. 胸围		762	791	806	867	944	970	1018	717	745	760	825	919	949	1005
9. 腰围		620	650	665	735	859	895	960	622	659	680	772	904	950	1025
10. 臀围		780	805	820	875	948	970	1009	795	824	840	900	975	1000	1044

表 2-5　　　　　　　　　　　　　　　　　坐 姿 人 体 尺 寸

测量项目（mm）　年龄分组 　　　　　　　百分位数	18～60 岁（男）							18～55 岁（女）						
	1	5	10	50	90	95	99	1	5	10	50	90	95	99
1. 坐高	836	858	870	908	947	958	979	789	809	819	855	891	901	920
2. 坐姿颈椎点高	599	615	624	657	691	701	719	563	579	587	617	648	657	675
3. 坐姿眼高	729	749	761	798	836	847	868	678	695	704	739	773	783	803
4. 坐姿肩高	539	557	566	598	631	641	659	504	518	526	556	585	594	609
5. 坐姿肘高	214	228	235	263	291	298	312	201	215	223	251	277	284	299
6. 坐姿大腿厚	103	112	116	130	146	151	160	107	113	117	130	146	151	160
7. 坐姿膝高	441	456	461	493	523	532	549	410	424	431	458	485	493	507
8. 小腿加足高	372	383	389	413	439	448	463	331	342	350	382	399	405	417
9. 坐深	407	421	429	457	486	494	510	388	401	408	433	461	469	485
10. 臀膝距	499	515	524	554	585	595	613	481	495	502	529	561	570	587
11. 坐姿下肢长	892	921	937	992	1046	1063	1096	826	851	865	912	960	975	1005

表 2-6　　　　　　　　　　　　　　　　　人 体 主 要 尺 寸

测量项目（mm）　年龄分组 　　　　　　　百分位数	18～60 岁（男）							18～55 岁（女）						
	1	5	10	50	90	95	99	1	5	10	50	90	95	99
1. 身高	1543	1583	1604	1678	1754	1775	1814	1449	1484	1503	1570	1640	1659	1697
2. 上臂长	279	289	294	313	333	338	349	252	262	267	284	303	302	319
3. 前臂长	206	216	220	237	253	258	268	185	193	198	213	229	234	242
4. 大腿长	413	428	436	465	496	505	523	387	402	410	438	467	476	494
5. 小腿长	324	338	344	369	396	403	419	300	313	319	344	370	376	390
6. 体重（kg）	44	48	50	59	70	75	83	39	42	44	52	63	66	71

注　测量项目见图 2-2（b）。

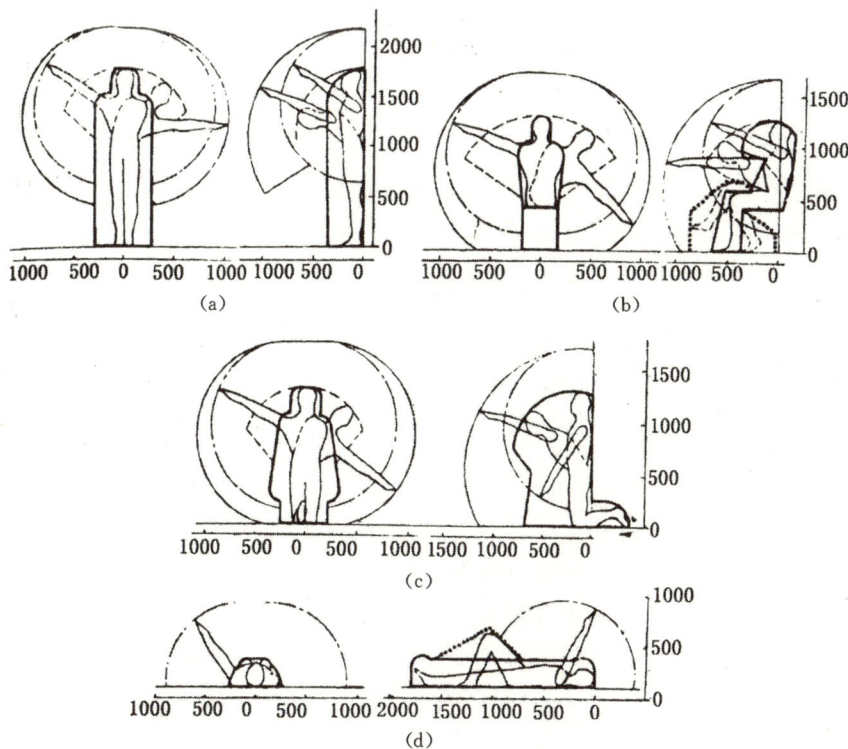

　　（a）

　　（b）

　　（c）

　　（d）

图 2-3　各种姿势状态下手能及的最大范围
（单位：mm）
（a）立姿；（b）坐姿；（c）跪姿；（d）卧姿

表 2 - 7　　　　　　　　　　　我国成人男女上肢功能尺寸　　　　　　　　　　单位：mm

测量项目	男（18～60岁）			女（18～55岁）		
	P₅	P₅₀	P₉₅	P₅	P₅₀	P₉₅
立姿双手上举高	1971	2108	2245	1845	1968	2089
立姿双手功能上举高	1869	2003	2138	1741	1860	1976
立姿双手左右平展宽	1579	1691	1802	1457	1559	1659
立姿双臂功能平展宽	1374	1483	1593	1248	1344	1438
立姿双肘平展宽	816	875	936	756	811	869
坐姿前臂手前伸长	416	447	478	383	413	442
坐姿前臂手功能前伸长	310	343	376	277	306	333
坐姿上肢前伸长	777	834	892	712	764	818
坐姿上肢功能前伸长	673	730	789	607	657	707
坐姿双手上举高	1249	1339	1426	1173	1251	1328
跪姿体长	592	626	661	553	587	624
跪姿体高	1190	1260	1330	1137	1196	1258
俯卧体长	2000	2127	2257	1867	1982	2102
俯卧体高	364	372	383	359	369	384
爬姿体长	1247	1315	1384	1183	1239	1296
爬姿体高	761	798	836	694	738	783

2.1.7　室内设计常用人体尺寸的应用

在室内设计中最常用的人体尺寸，包括以下几个方面。

1. 身高

身高是指人身体直立、眼睛向前平视时从地面到头顶的垂直距离。

（1）这些数据用于确定通道和门的最小高度。然而，一般建筑规范规定的和成批生产制作的门和门框高度都适用于99%以上的人，所以，这些数据可能对于确定人头顶上的障碍物高度更为重要。

（2）注意身高一般是不穿鞋测量的，故在使用时应给予适当补偿。

（3）在百分位选择时，由于主要的功用是确定净空高，所以应该选用高百分位数据。

2. 眼睛高度

眼睛高度是指人身体直立、眼睛向前平视时从地面到内眼角的垂直距离。

（1）这些数据可用于确定在剧院、礼堂、会议室等处人的视线，用于布置广告和其他展品。用于确定屏风和开敞式大办公室内隔断的高度。

（2）注意要加上鞋的高度，男子大约需25mm，女子大约需加48mm。

3. 肘部高度

肘部高度是指从地面到人的前臂与上臂接合处可弯曲部分的距离。

（1）可以确定柜台、梳妆台、厨房案台、工作台以及其他站着使用的工作表面的舒适高度。

（2）注意在确定上述高度时必须考虑活动的性质。

4. 挺直坐高

挺直坐高是指人挺直坐着时，座椅表面到头顶的垂直距离。

（1）用于确定座椅上方障碍物的允许高度。在双层床布置中，搞创新的节约空间设计时，例如利用阁楼下面的空间吃饭或工作等，都要由这个关键的尺寸来确定其高度。此外它还可以确定办公室或其他场所的低隔断的尺寸，确定餐厅和酒吧里的火车座隔断的尺寸等。

（2）座椅的倾斜、座椅软垫的弹性、衣服的厚度以及人坐下和站起来时的活动都是要考虑的重要因素。

（3）由于涉及间距问题，采用第 95 百分位的数据是比较合适的。

5. 肩宽

肩宽是指两个三角肌外侧的最大水平距离。

（1）肩宽数据可用于确定环绕桌子的座椅间距和影剧院、礼堂中的排椅座位间距，也可用于确定公用和专用空间的通道间距。

（2）用这些数据要注意可能涉及的变化。要考虑衣服的厚度，对薄衣服要附加 7.6mm，对厚衣服附加 7.9cm。还要注意，由于躯干和肩的活动，两肩之间所需的空间会加大。

（3）使用第 95 百分位的数据较合适。

6. 两肘之间宽度

两肘之间宽度是指两肋屈曲、自然靠近身体、前臂平伸时两肋外侧面之间的水平距离。

（1）可用于确定会议桌、书桌、柜台和牌桌周围座椅的位置。

（2）涉及间距问题，应使用第 95 百分位的数据。

7. 臀部宽度

臀部宽度是指臀部最宽部分的水平尺寸。这个尺寸也可以站着测量，这时就成为下半部躯干的最大宽度。本书表格中的尺寸是坐着测量的。

（1）这些数据对于确定座椅内侧尺寸和设计酒吧、柜台和办公座椅极为有用。

（2）根据具体条件，与两肋之间宽度和肩宽结合

使用。

（3）由于涉及间距问题，应使用第 95 百分位的数据。

8. 肘部平放高度

肘部平放高度是指从座椅表面到肘部尖端的垂直距离。

（1）用于确定椅子扶手、工作台、书桌、餐桌和其他特殊设备的高度。

（2）选择第 50 百分位左右的数据是合理的。在许多情况下，这个高度在 140～279mm 之间。这样一个范围可以适合大部分使用者。

9. 大腿厚度

大腿厚度是指从座椅表面到大腿与腹部交接处的大腿端部之间的垂直距离。

（1）这些数据是设计柜台、书桌、会议桌、家具及其他一些室内设备的关键尺寸，而这些设备都需要把腿放在工作面下面。特别是有直拉式抽屉的工作面，要使大腿与大腿上方的障碍物之间有适当的间隙，这些数据是必不可少的。

（2）由于涉及间距问题，应选用第 95 百分位的数据。

10. 膝盖高度

膝盖高度是指从地面到膝盖骨中点的垂直距离。

（1）可以确定从地面到书桌、餐桌、柜台底面的距离，尤其适用于使用者需要把大腿部分放在家具下面的场合。坐着的人与家具底面之间的靠近程度，决定了膝盖高度和大腿厚度是否是关键尺寸。

（2）要同时考虑座椅高度和座垫的弹性。

（3）要保证适当的间距，故应选用第95百分位的数据。

11. 臀部、膝腿部长度

臀部、膝腿部长度是由臀部最后面到小腿背面的水平距离。

（1）这个长度尺寸用于座椅的设计中，尤其适用于确定腿的位置、确定长凳和靠背椅等前面的垂直面以及确定椅面的长度。

（2）要考虑椅面的倾斜度。应该选用第5百分位的数据，这样能适应更多的使用者。

12. 臀部—膝盖长度

臀部—膝盖长度是从臀部最后面到膝盖骨前面的水平距离。

（1）这些数据用于确定椅背到膝盖前方的障碍物之间的适当距离，例如：用于影剧院、礼堂和做礼拜的固排椅设计中。

（2）由于涉及间距问题，应选用第95百分位的数据。

13. 垂直手握高度

垂直手握高度是指人站立、手握横杆，然后使横杆上升到不使人感到不舒服或拉得过紧的限度为止，此时从地面到横杆顶部的垂直距离。

（1）这些数据可用于确定开关、控制器、拉杆、把手、书架以及衣帽架等的最大高度。

（2）由于涉及伸手够东西的问题，如果采用高百分位的数据就不能适应小个子人，所以设计出发点应该基于适应小个子人，这样也同样能适应大个子人。

14. 侧向手握距离

侧向手握距离是指人直立、右手侧向平伸握住横杆，一直伸展到没有感到不舒服或拉得过紧的位置，这时从人体中线到横杆外侧面的水平距离。

（1）这些数据有助于设备设计人员确定控制开关等装置的位置，它们还可以为建筑师和室内设计师用于某些特定的场所，例如医院，实验室等。如果使用者是坐着的，这个尺寸可能会稍有变化，但仍能用于确定人侧面的书架位置。

（2）由于主要的作用是确定手握距离，这个距离应能适应大多数人，因此，选用第5百分位的数据是合理的。

2.1.8 人体数据的运用原则

1. 正确使用人体测量数据

有了完善的人体尺寸数据，还只是达到了第一步，而学会正确地使用这些数据才能说真正达到了人体工程学的目的。

（1）数据的选择。在选择数据之前，我们要清楚使用者的年龄、性别、职业和民族等诸多因素，使所设计的室内环境和设施更加适合使用对象的尺寸特征。

（2）百分位的运用。我们可以举例说明：以第50百分位的身高尺寸来确定门的净高，这样设计的门会使50%的人有碰头的危险。再比如：小腿连脚的长度（包括鞋）的平均值是460mm，若以此为依据，则设计出的椅子会有50%的人脚踩不到地，妇女们的腿较短，使用它时会不合适。座平面高度的尺寸不能使用平均值，而是要用较小的尺寸才适合更多的人使用。

2. 人体测量数据运用原则

在实际设计中，对人体数据的运用不应该是盲目的，如把欧美人使用的沙发直接照搬到中国，这个尺度对于中国人来说就显得有些大，坐起来也不舒服。因此，正确使用人体测量数据是设计人员必备的知识之一。人体测量数据运用原则主要包括以下5个方面。

（1）确定设计中最重要的尺度。

（2）确定设计的使用者群体。

（3）人体数据百分位的合理选择。

（4）尽量使用最新的人体尺寸数据。

（5）注意衣着情况和动态尺寸。

2.1.9 产品功能尺寸的设定

1. 功能修正量

由于《中国成年人人体尺寸》（GB 10000—88）的表中数值均为裸体测量结果，在设计时，还必须考虑鞋、衣服等引起的尺寸变化。功能修正量包括着衣修正量、穿鞋修正量、姿势修正量。

2. 心理修正量

在某些产品设计时，需要考虑由于心理作用而引起

图 2-4　双层床

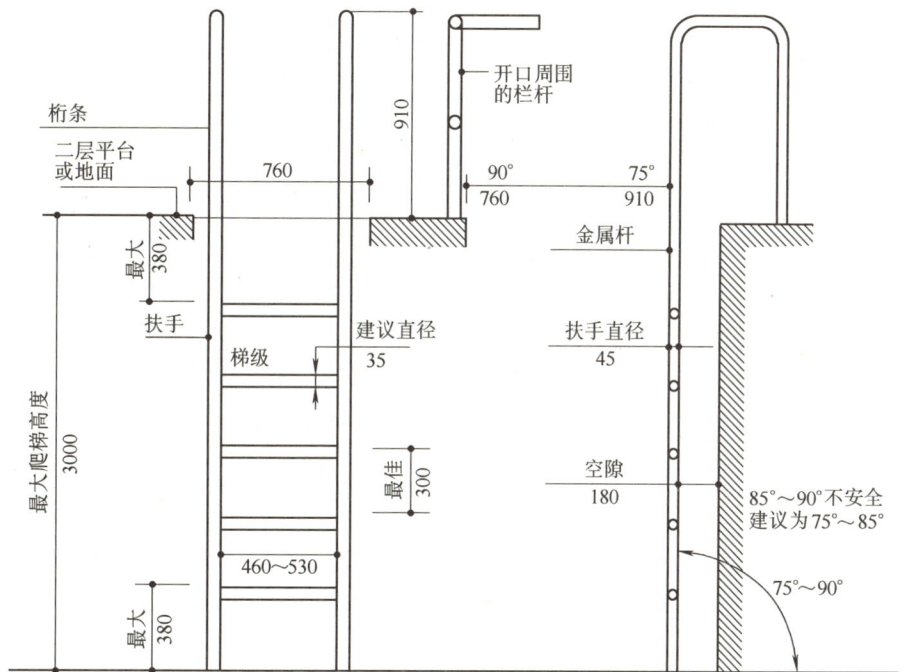

图 2-5　扶梯设计参考设计（单位：mm）

的一些尺寸变化，它也是设计造型的关键因素。同一种物品，功能相同，但因为不同的人产生不同的心理要求，结果导致造型的千变万化。例如，同样是扶手椅，同样满足坐的功能，但造型上的变化却是多种多样。同样是穿的裤子，有紧身的、有喇叭筒的、有直筒的，但给人的感觉是不一样的。再如床的设计中，单人床宽度在500mm 就已满足人最大肩宽的要求，但人睡在上面，总是恐惧半夜翻身会摔下来，因此，需要加大宽度到人心里感到舒适的程度。

3. 产品功能尺寸的确定

产品最小功能尺寸＝人体尺寸百分位＋功能修正量

产品最佳功能尺寸＝人体尺寸百分位＋功能修正量
＋心理修正量

以图 2-4 一款双层床为例。

图例说明。

（1）上层床高度设计，首先要考虑室内层高，目的是确保人在上层床时的活动尺度，其次考虑使用者的身高，以确保下层空间的合理利用。

（2）护栏高度＝床板＋床垫＋被褥＋人躺卧时身体厚度＋心理余量，这样得出的数据才能保证人在熟睡时不会摔下来，并能安心睡觉。

（3）扶梯尺寸。扶梯太大太小都会影响人上下的速度和安全性，图 2-5 是固定爬梯尺寸设计参考值，它不仅适用于双层床，也适合室内其他扶梯的设计，具有一定的普遍性。

2.2　人体的感知系统

人体工程学研究的中心是人，从上一节我们了解了人体的尺寸特征，这一节我们将对人体自身的内在特性进行剖析。这两部分都是人体工程学的基础，对于一名设计师来说，设计不仅要尺寸合适，造型优美，更主要的是"人性化"，是否舒适、健康，合乎人的生理、心理等各方面的需要，并在视觉上给人以愉悦的感受。

2.2.1　感觉

1. 感觉的定义

在日常生活中，我们常常会说到"感觉"这个词，如"我感觉不舒服"、"我感觉这项任务很难"等，这里的"感觉"是"觉得"，而心理学的专有名词"感觉"却另有意义。

在心理学上，感觉的定义是指人脑对直接作用于感觉器官的事物的个别属性的反映。例如，我们可以通过眼睛看清物体的颜色,这属于视觉;通过耳朵反映物体发出的声音,这属于听觉;通过鼻子闻一闻物体发出的气味,这属于嗅觉……感觉是最简单的心理过程,是各种复杂的心理过程的基础。

2. 感觉的作用

感觉在人类的生活中具有非常重要的作用。首先,感觉是人们认识世界的开端。感觉使人们既能认识外界事物的颜色、气味、软硬、冷暖等属性,也能认识自己机体的状态,如喜、怒、饥、渴等,从而有效地进行自我调节。

其次,感觉是维持正常心理活动的重要保障。实验表明,在动物个体发育的早期进行感觉剥夺,会使动物的感觉功能产生严重缺陷;人类也无法长时间忍受全部或部分感觉剥夺。可见"感觉"一直是参与人们正常心理活动的重要内容。

3. 感觉的基本特征

感觉主要包括视觉、听觉、嗅觉、味觉、肤觉,合称为"五大感觉"。

感觉的产生如下。

感觉器官(耳、眼、鼻、皮肤、嘴)通过神经传递至大脑并最终产生感觉。

从心理学的角度,感觉具有以下特征。

(1)感觉适应。感觉器官经过一段时间的刺激而变得不敏感。感觉适应的优点是可以减少身心的负担,如在声音嘈杂的场所,有些人能排除声音干扰,专心于一件事,就是对噪音产生了适应。缺点是易使人丧失警觉性,受到伤害,如瘫痪的病人,正是由于对疼痛感觉的丧失,才导致更加严重的伤害。

(2)绝对阈限。刺激的强度必须达到某种程度,才能引起感受器的感应,从而激起神经冲动,此时的刺激强度,即为阈限(绝对阈限)。如:小于3g的物体,不能引起我们的重量感觉。差别感受阈:能分析出刺激之间的差别的最小限度。如:重量差别小于3g的2个物体,不能引起我们的重量差别感觉。

(3)对适宜的刺激产生反映。人体的各种感觉器官都有自身最敏感的刺激形式,如:温冷觉对皮肤表面温度有1℃之差即可觉察;听觉只能感受一定频率范围的声波;视觉只能感受一定频率范围的电磁波。

2.2.2 知觉

1. 知觉的定义

知觉就是人脑对直接作用于感觉器官的事物整体的反映,是对感觉信息的组织和解释过程。

在日常生活中,我们很少意识到孤立的感觉,因为我们总是根据自己的经验把各种感觉信息综合起来,对事物进行分析、理解,也就是说,我们通常是以知觉的形式来反映事物。例如,我们看到的红色,不是脱离具体事物的红色,而是红花的红色,或红旗、红太阳等的红色;对于听到的声音,我们总是知觉为言语声、流水声或汽车声等有意义的声音。

在生活或工作中,感觉和知觉是紧密相连的,在心理学中把二者统称为"感知觉"。

2. 知觉的基本特征

(1)整体性。整体性是把由许多部分或多种属性组成的对象看作具有一定结构的统一整体。它与人们的经验和阅历有很大关系。图2-6~图2-9就是几个知觉整体性的例子。

图 2-6 知觉的整体性例一
黑色的点组成一个人骑
马的画面

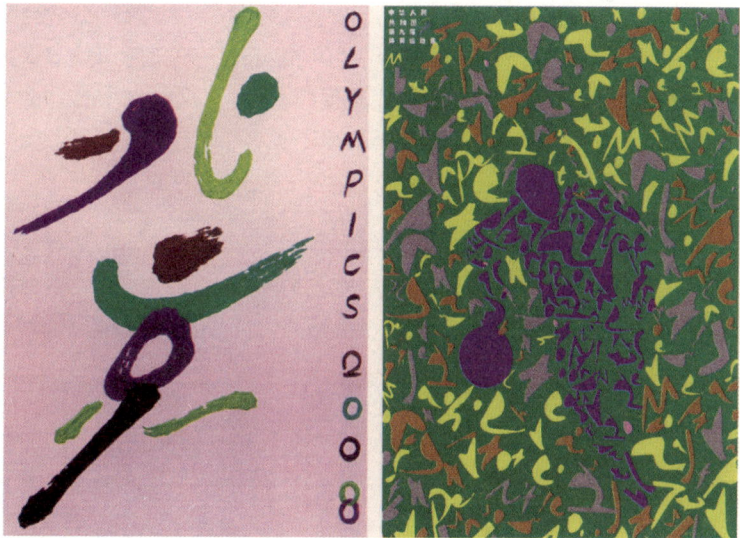

图 2-7 知觉的整体性例二
左边由不同形式和颜色的毛笔笔画组成了"北京",右边是
不同颜色的、大小不一的点构成了一个运动员运动的姿势

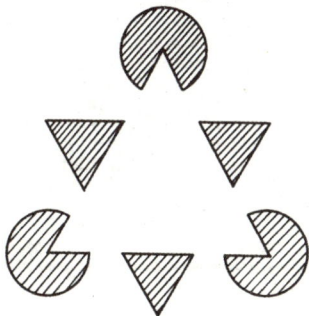

图 2-8 知觉的整体性例三
由两种不同的几何造
型,按一定顺序排列,
中间的空白构成一个三
角形

图 2-9 知觉的整体性例四
由黑色的斑点组成了一
个可爱的小狗的形象

图 2-10 知觉的选择性例一
鲁宾之杯

（2）选择性。选择性是把某种对象从某背景中优先地区分出来，在这个过程中，人的主观因素起到了相当重要的作用。例如情绪好、兴致高时，选择性就很广泛，而心情郁闷、烦躁时，选择面就很狭窄，甚至视而不见，听而不闻，见图2-10～图2-12。

（3）理解性。理解性是用以往的知识和经验来理解当前的知觉对象的特征。正因为这种理解性，当人们知觉一个事物时，对这个事物相关的知识经验越丰富，对事物的认识也就越深刻，见图2-13～图2-15。

（4）恒常性。恒常性是在一定范围内发生变化，而知觉的印象却保持相对不变的特性。也就是人们总是根据记忆中的印象、知识、经验等去知觉事物。例如门，无论是倾斜、倒置、破损，人总是认为门是长方形的。

（5）错觉。错觉是与客观事物不相符的错误知觉。在人的错觉现象中，错视觉是最普遍的。错视觉中，有图形错觉，透视错觉，空间错觉等。这些方面与室内设计关系极为密切，见图2-16～图2-23。

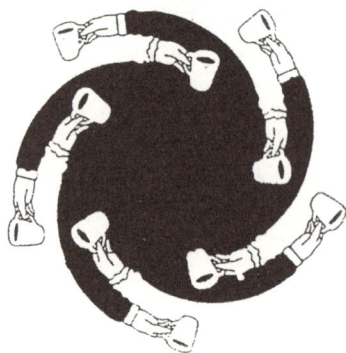

图2-11 知觉的选择性例二

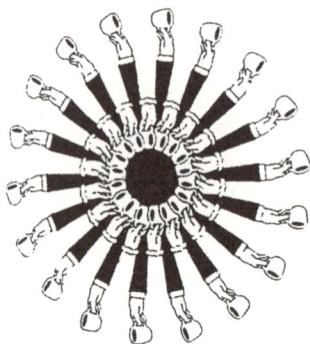

图2-12 知觉的选择性例三

图2-13 知觉的理解性例一
中国京剧脸谱的一部分，中国人很熟悉，一看便知，但对于不了解中国文化的外国人，看此图就不那么容易理解了

图2-14 知觉的理解性例二
毕加索的经验完形，每个人对这幅画的理解都会有所不同

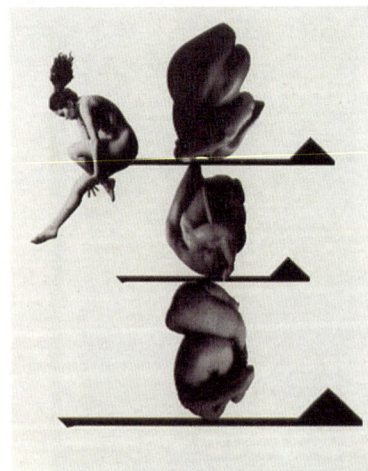

图2-15 知觉的理解性例三
由人组成的笔画，对字的整体没有太大影响，人们依然可以毫不犹豫地把它念出来，因为不管如何变化中国人对汉字都太熟悉了

图 2-16 错觉例一
　　　　错视觉

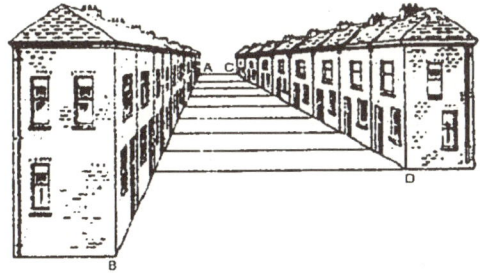

图 2-17 错觉例二
　　　　长度错觉
　　　　线 AB 和线 CD 长度完全相等，
　　　　但是由于透视的关系它们看起来
　　　　相差很大

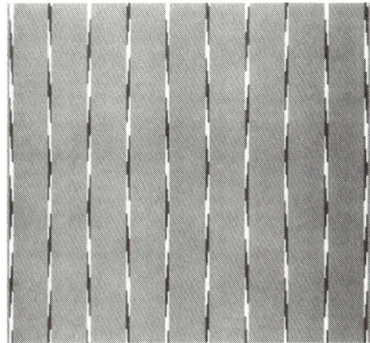

图 2-18 错觉例三
　　　　方向错觉
　　　　竖线似乎是弯曲的，但
　　　　其实他们是笔直而相互
　　　　平行的

图 2-19 错觉例四
　　　　仔细看图中有很多矛盾空间

(a)

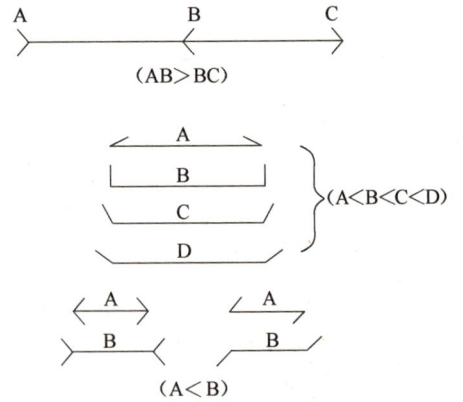

(AB>BC)

(A<B<C<D)

(A<B)

长度错视（相等长度的两线段，因其他因素的干扰而产生不一样的视错觉）

图 2-21　错觉例六
　　　　　长度错视觉

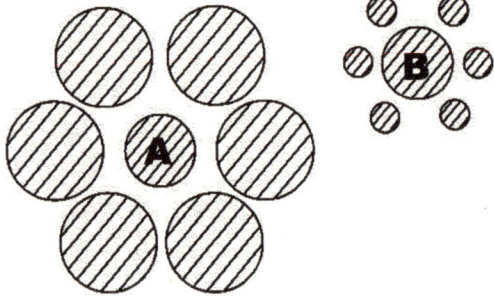

(b)

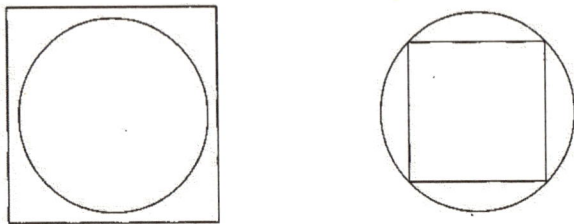

图 2-20　错觉例五
　　　　　大小错视觉

（a）相同面积，不同外形的图形，在视觉上会产生大小不同的感觉；（b）两组圆图形中，中心圆似乎 A<B；（c）采取方形将同等大小的圆从内外切割，会产生不同长短的圆周曲率感

(c)

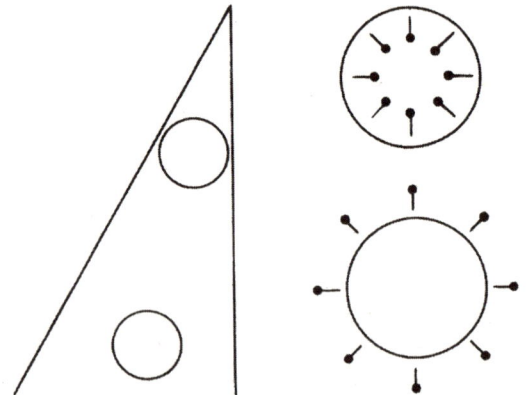

图 2-22　错觉例七
　　　　　大小错视觉

图 2-23　错觉例八
　　　　　大小错视觉

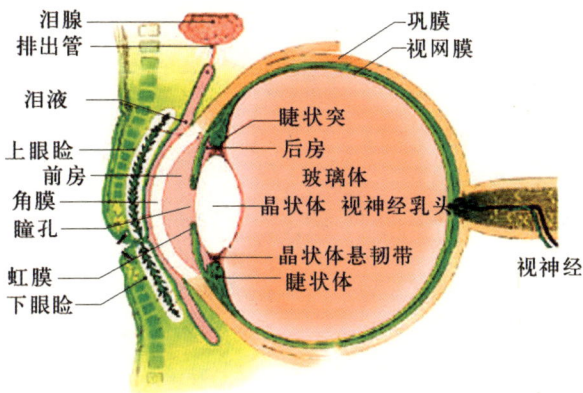

图2-24　眼球的基本结构

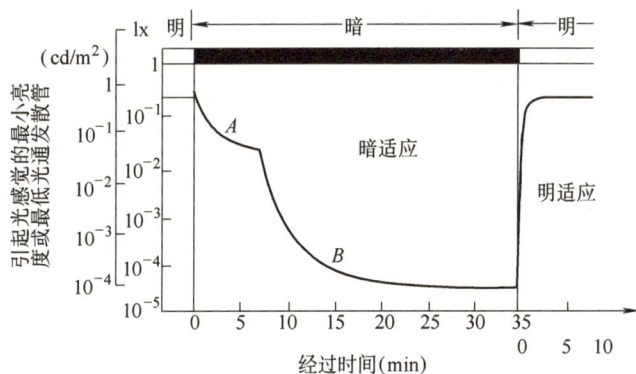

图2-25　明适应与暗适应

2.2.3　视觉

视觉是由眼睛、视神经及视觉中枢共同完成的。眼球的基本构造如图2-24所示。

1. 视觉特性

（1）视觉刺激。视觉刺激有2种：①由发光物体直接发射出来的光，如太阳、电灯等；②由物体反射出来的光，如月亮。

（2）视觉适应。视觉适应有2种：①暗适应，由亮处进入暗处时发生，所需时间为10～40min；②明适应，由暗处进入亮处时发生。由图2-25看出暗适应所需时间比明适应长。同时也告诉我们在室内环境中明暗不要差别太大，否则眼睛总是处于适应的状态，久之便会产生疲劳。

（3）视野与视距。视野是人的头部和眼球固定不动的情况下，眼睛观看正前方物体时所能看得见的空间范围。视距是人在操作系统中正常的观察距离，一般在380～760mm之间，它是设计控制台、展示柜架尺寸时的主要依据。

（4）色视野。各种颜色对人眼的刺激不同，色视野

也不同，从图2-26、图2-27中看出人眼对白色的视野最大，对黄色、蓝色、红色的视野依次减小，而对绿色的视野最小。

2. 人眼的阅读习惯

根据人眼的视觉特性，人在阅读时也存在着一些以下惯性。

（1）视线的变化习惯从左到右，从上到下，顺时针方向运动。

（2）当眼睛偏离视中心时，人眼对左上限的观察最优，对右下限的观察最差。

（3）在观察事物时，两眼睛总是协调的、同步的。

（4）对直线轮廓比对曲线轮廓敏感。

（5）辨别颜色时易辨认的顺序是：红色、绿色、黄色和白色，红色最先被看到。

（6）眼睛沿水平方向运动比垂直方向运动快。

在室内设计中，视觉因素是很重要的一项内容，它对人的生理、心理的潜在影响是不容忽视的。

如果仰首50%，
可以看见正上方

如果俯首50%,可
以看见正下方向

向上视角极限50°～55°,
受额头限制

45°

头部俯视

0°

低于此线的光
源会引起眩光

50°最大

轻松 30°

30°

正常俯首

5°

不疲劳

轻松

50°最大

最大仰视角25°

白

黄

蓝

47.5°

合适的角度

5°

40°

红

22.5°

20°

绿

20°

水平线

耳洞

水平视线

0°

法兰克福线设
为水平视线

眼窝

22.5°

低垂视线

5°

松弛视线

40°

47.5°

15°

眼睛看显
示器时的
合适角度

光源位于该区
域可通过眼镜
反射

40°

白

合适的角度

30°

35° 最大俯视角

45°头前倾

读, 写, 使用键盘时的主要视角45°～60°

70°～80°向下视角
极限受面颊限制

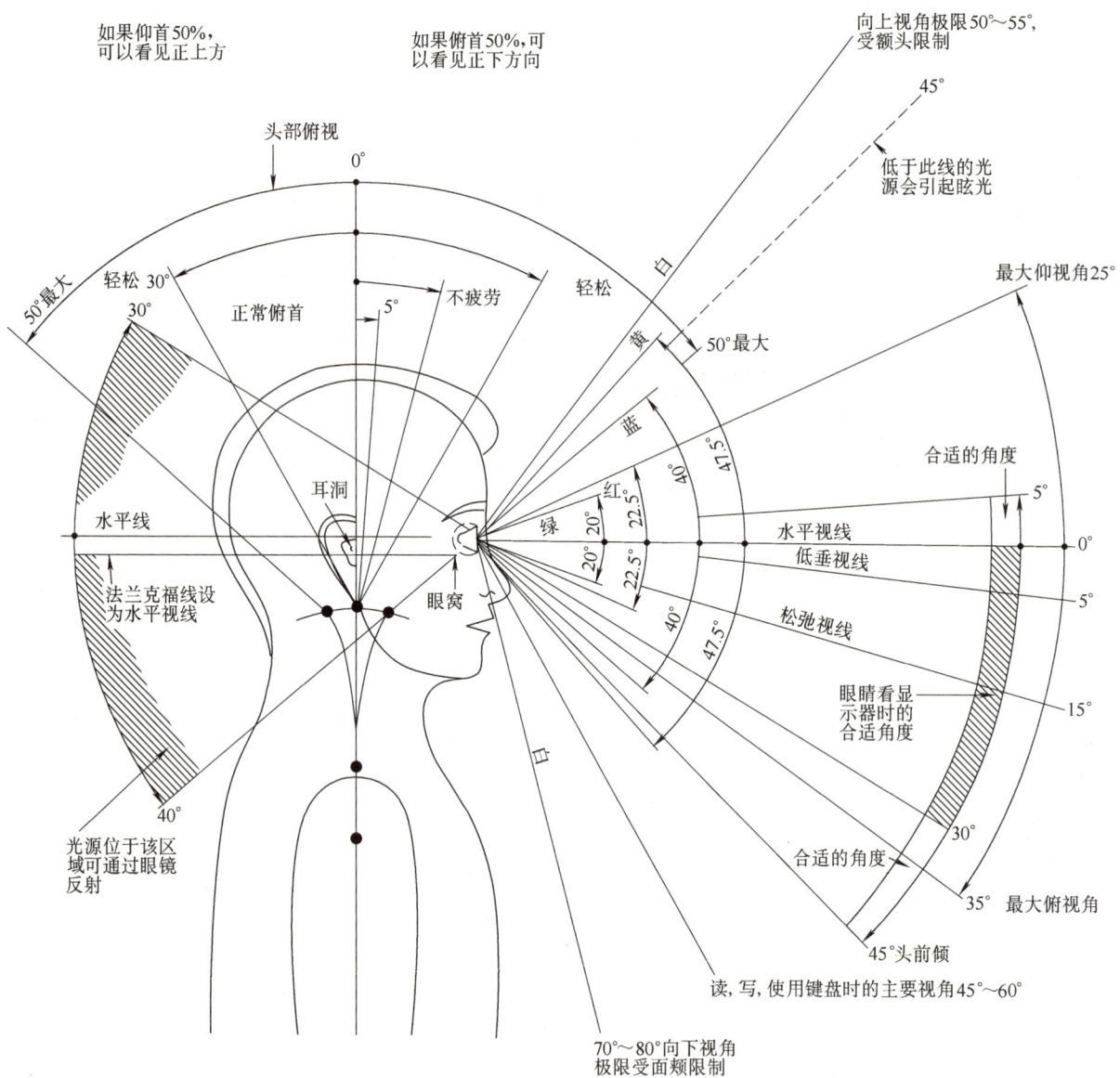

眼睛看到的最近距离（平均值）
0—0～10mm—婴儿几乎什么都看不见
61mm—少年
102mm—20岁的人
222mm—40岁的人
1016mm—60岁的人

成年人的实际阅读距离
330mm—最小视物距离
406mm—最小阅读距离
457～610mm —观看固定的显示屏
711mm—视线范围内的显示屏
任意距离—如果显示屏是按该距离设计的

图 2-26 垂直视野

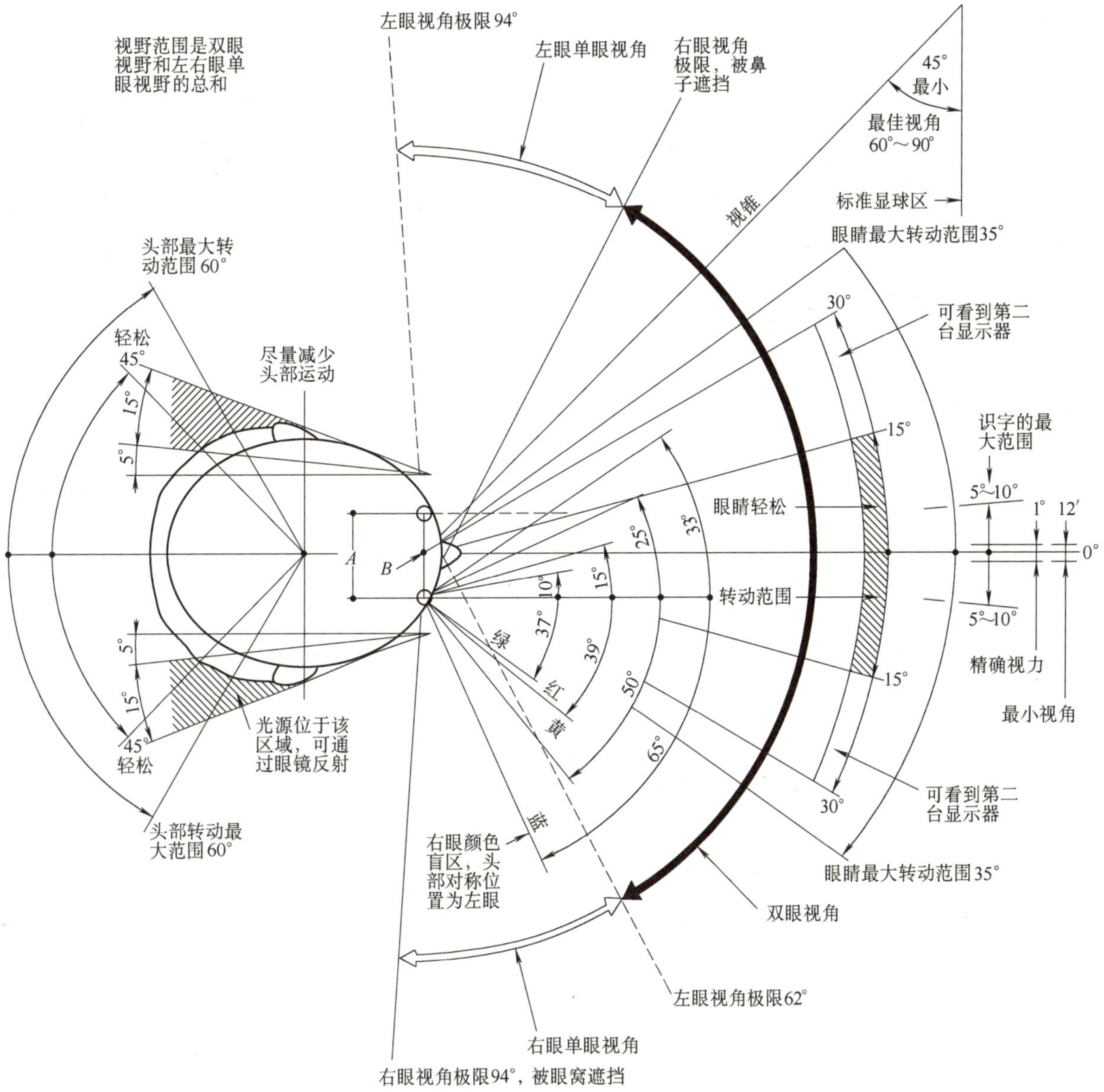

图 2-27　水平视野

2.2.4　听觉

1. 听觉刺激

听觉是对声波物理特征的反映。声波是在气体、液体、固体等弹性介质中传播产生的机械波。人类能听到的声音频率约在 16～20000 Hz。

2. 听觉系统

人耳是听觉器官，人耳包括位觉器和听觉器两部分，按部位可分为外耳、中耳和内耳三部分，见图 2-28。外耳和中耳是声波的传导装置，内耳是位觉和听觉的感受器，人耳参与声音传播的各个部位，如图 2-29 所示。

声波 —外耳道(通道)→ 鼓膜 —听小骨(杠杆传导)→ 耳蜗 —神经冲动→ 大脑皮层 —形成→ 听觉

3. 听觉的特征

（1）混响。当声源在室内经过多次反射，连续传入人耳中，使人无法辨认。

（2）回声。声源发出的声音和人耳听到的声音时差大于 50ms，产生一先一后两个重复的声音，形成回声。

（3）双耳效应。声音到达两耳的响度，音品和时间是各不相同的，这种差别使人能够分辨声源的位置。

（4）掩蔽效应。一种声音的听阈因另一个声音的掩蔽而上升的现象。

例如：①听演唱会，如果休息室或隔壁房间传来更大的声音，那么人们听演唱就很吃力，这时如果把演唱的声音提高，盖过噪音就不会再干扰人们听演唱；②在商场里，用音响系统来掩蔽里面顾客的喧闹嘈杂，这是人们对掩蔽效应的利用。

听觉的这些特征对室内环境中的音质设计至关重要，尤其像音乐厅、会议厅等的室内设计对材料、音响等的选择就是基于人耳的这些特点。

2.2.5 其他感觉机能及其特征

1. 肤觉

人体皮肤上分布着三种感受器：触觉、温度觉、痛觉。

（1）触觉。触觉是指能辨别物体的大小、形状、硬度、光滑度等的触感。触觉阈限见图 2-30 和图 2-31，从中可知道人的面部、口唇、指尖等敏感度最高；手背、背部等不敏感；而指尖、舌尖等定位准确，其中手指的两点阈限值最低，这也是利用手操作的原因。

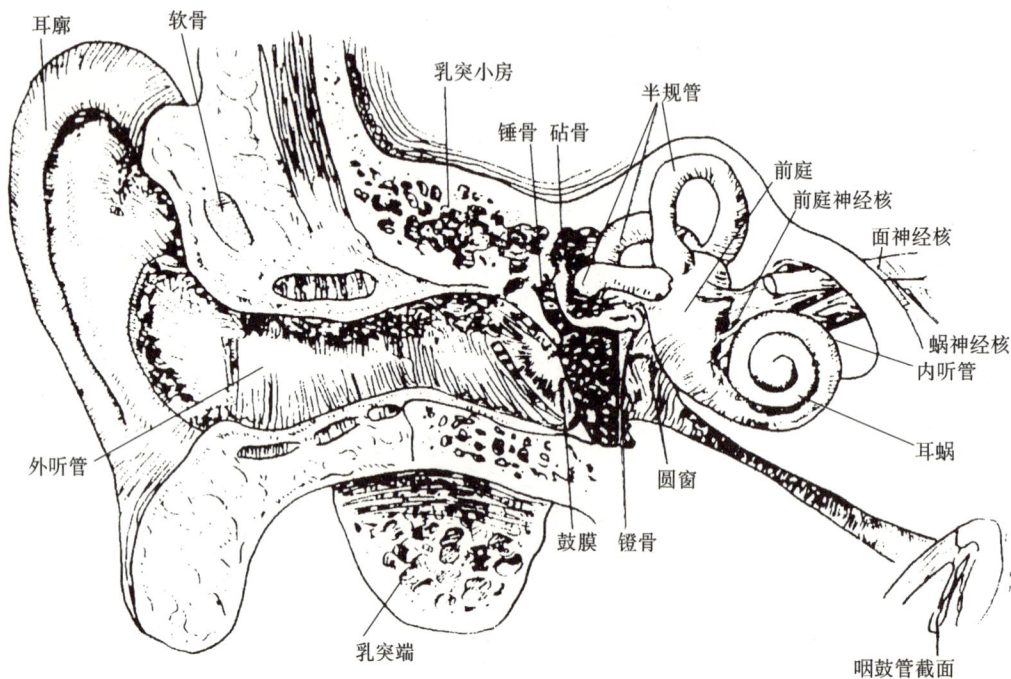

图 2-28　人耳结构

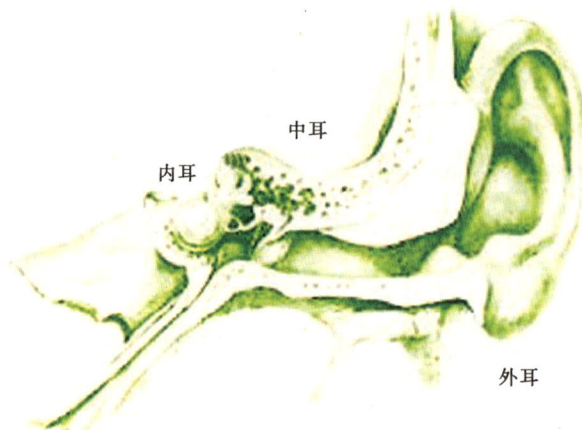

图 2-29　人耳参与声音传播的各个部位

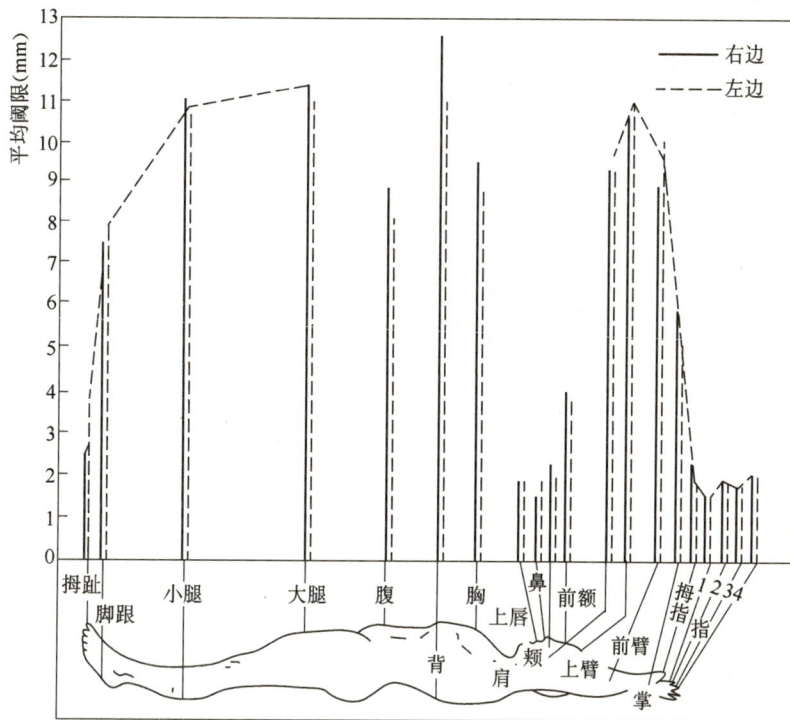

图 2 - 30　男性身体各部位刺激点定位的能力

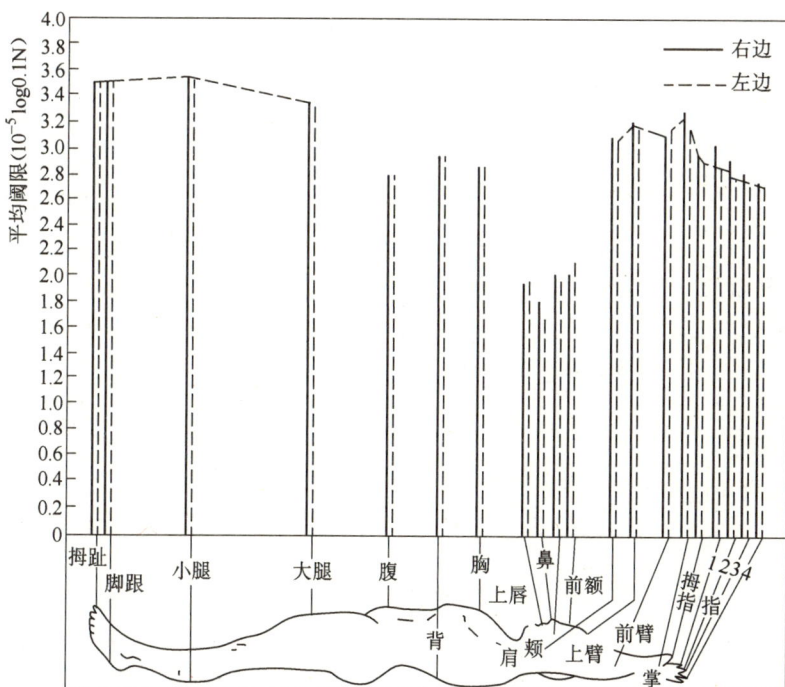

图 2 - 31　男性身体各部位的触觉敏感度

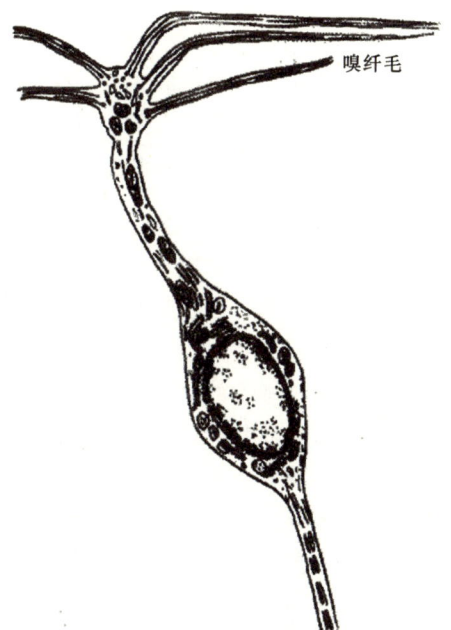

图 2 - 32　嗅细胞

（2）温度觉。温度觉分为冷觉和热觉，在两种不同温度的交替刺激下，温度觉会产生适应。它的重要意义在于对保持机体内部温度的稳定与维持正常的生理过程是非常重要的。

（3）痛觉。痛觉存在的重要意义是导致机体产生一系列保护性反应来回避刺激物，动员人的机体进行防卫或改变本身的活动来适应新的情况。

2.嗅觉和味觉

嗅觉器官是鼻内的嗅觉细胞。人能分辨的气味达几千种，对不同气味的敏感程度也不同。嗅细胞的纤毛受到存在于空气中的物质分子刺激时，有神经冲动传向嗅球，进而传向更高级的嗅觉中枢，引起嗅觉，图2-32为嗅细胞（双极细胞）。

味觉的感受器是舌头上的味蕾，主要分布在舌背部表面和知缘，口腔和咽部粘膜的表面也有味蕾存在。儿童味蕾较成人多，舌表面不同部分对不同味刺激的敏感程度不一样。一般是舌尖部对甜味道比较敏感；舌两侧对酸味比较敏感；舌两侧前部对咸味比较敏感；而软腭和舌根部对苦味比较敏感。味觉的敏感度往往受食物或刺激物本身温度的影响。在20～30℃之间，味觉的敏感度最高。

2.3 运动及输出系统

2.3.1 运动系统

1.运动系统的构成和作用

运动系统是人体完成各种动作的器官系统，它是由骨、关节和肌肉组成的。在运动过程中，骨起到运动杠杆的作用、关节是运动的枢纽，肌肉是运动的动力。

运动系统首要的功能是运动。人的运动是很复杂的，包括简单的移位和高级活动如语言、书写等，都是以在神经系统支配下，通过肌肉收缩而实现的。运动系统的第二个功能是支持，包括构成人体体形、支撑体重和内部器官以及维持体姿。第三个功能是保护，众所周知，人的躯干形成了几个体腔，颅腔保护和支持着脑髓和感觉器官；胸腔保护和支持着心、血管、肺等重要脏器；腹腔和盆腔保护和支持着消化、泌尿、生殖系统的众多脏器。当受外力冲击时，各部分的肌肉反射性地收缩，起着缓冲打击和震荡的重要作用。

此外，人体站立时全身骨骼的压力分布及传递对很多设计问题都有很好的指导作用，尤其对坐姿体压的分

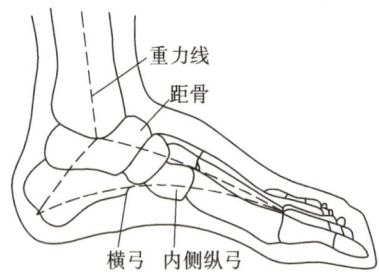

图2-33 足弓重力线

布研究是很有帮助的，见图2-33～图2-35。

2.肌力与效率

肌力是由肌肉收缩产生的，是人体各种动作和维持人体各种姿势的动力源。如何有效地发挥肌力，减少疲劳，提高效率是人体工程学研究的课题之一。

图2-36（c）表示立姿时力量与手臂角度之间的关系，70°左右时力最大，这也正是许多操作机构置于人体正前上方的原因所在。在直立姿势下臂伸直时，不同角度位置上拉力和推力也不同，从图2-36（a）、（b）中看出，最大拉力产生在180°的位置上，而最大推力产生在0°位置上。坐姿时，左手弱于右手，向上用力大于向下用力，向内用力大于向外用力。

坐姿时下肢不同位置上的蹬力大小也不同。最大蹬力一般在膝部屈曲160°时产生。

此外，人体的姿势不同，人所消耗的能量和产生的心理反应也不同，要提高效率，有益健康，应注意纠正一些不好的作业姿势。图2-37是三种背书包的人的耗氧量对比，其中图2-37（a）消耗的最少，图2-37（c）消耗的最大，是一种不可取的姿势。这一点也说明双肩背书包的益处所在。图2-38是同一个人在不同姿势下总消耗增加的百分比，可见跪姿是最消耗能量的，最容易使人疲劳的，也是为什么做体力活的人要比办公人员容易疲劳的原因。

所以，选择好的姿势不仅可以提高效率，不容易产生疲劳，而且对人的身心健康也是有益的。

2.3.2 神经系统

神经系统是机体内起主导作用的系统。内、外环境的各种信息，由感受器接收后，通过周围神经传递到脑和脊髓的各级中枢进行整合，再经周围神经控制和调节机体各系统器官的活动，以维持机体与内、外界环境的相对平衡。

坐姿和立姿时骨盆的转
动对颈椎、胸椎、腰椎受
力的影响及重力的传递

颈椎

Q_1头
Q_2颈
$\overline{Q_3}$臂

Q_4胸

Q_5腰

胸椎

腰椎

骨盆

Q_6骨盆

立姿时，脊椎的内力适
于中心受压状态，踝关
节受力最大

立姿

Q_7大腿

人体重心

Q_8小腿

地面

颈椎

胸椎

人体重心

腰椎

坐姿

椅面

坐姿时脊椎的内力
呈压弯状态腰关节
受力大

臀部压力线分布示意

足底压力线分布示意

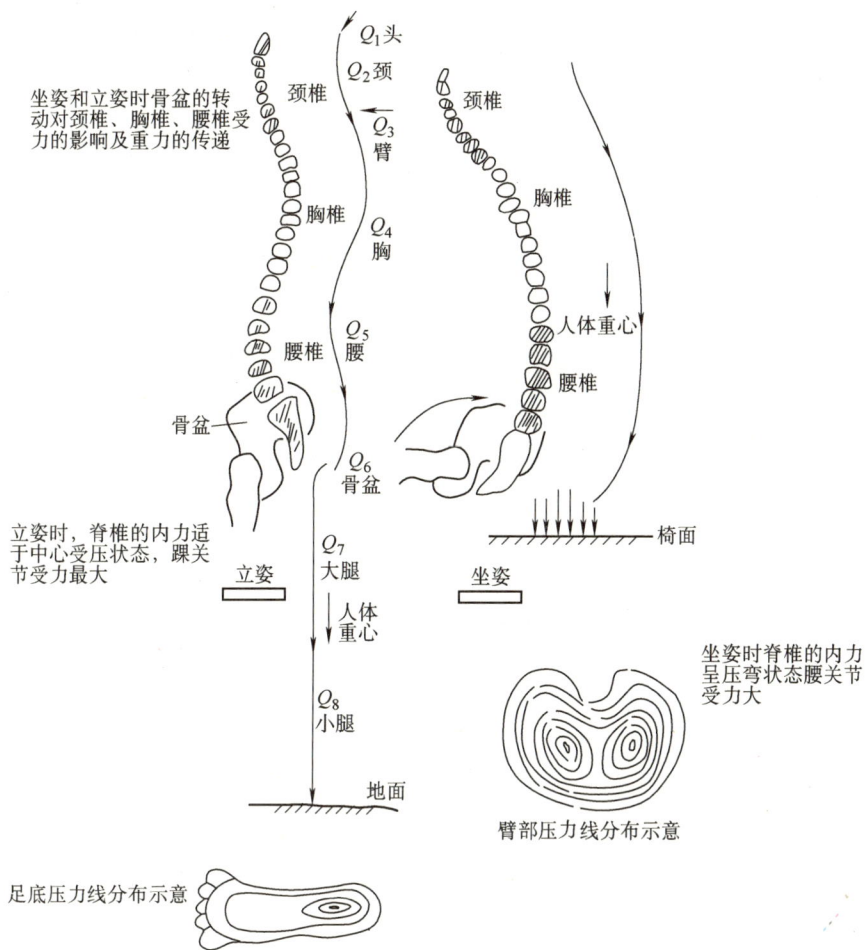

图 2-34　体重压力分布

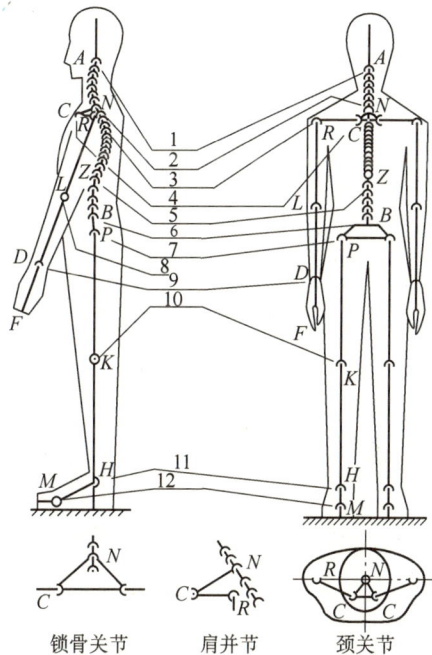

图 2-35　人体骨骼力学模型

1—头关节；2—颈关节；3—肩关节；4—胸骨和锁骨关节；

5—胸关节；6—腰关节；7—髋关节；8—肘关节；

9—手关节；10—膝关节；11—踝关节；

12—趾关节

锁骨关节　　肩关节　　颈关节

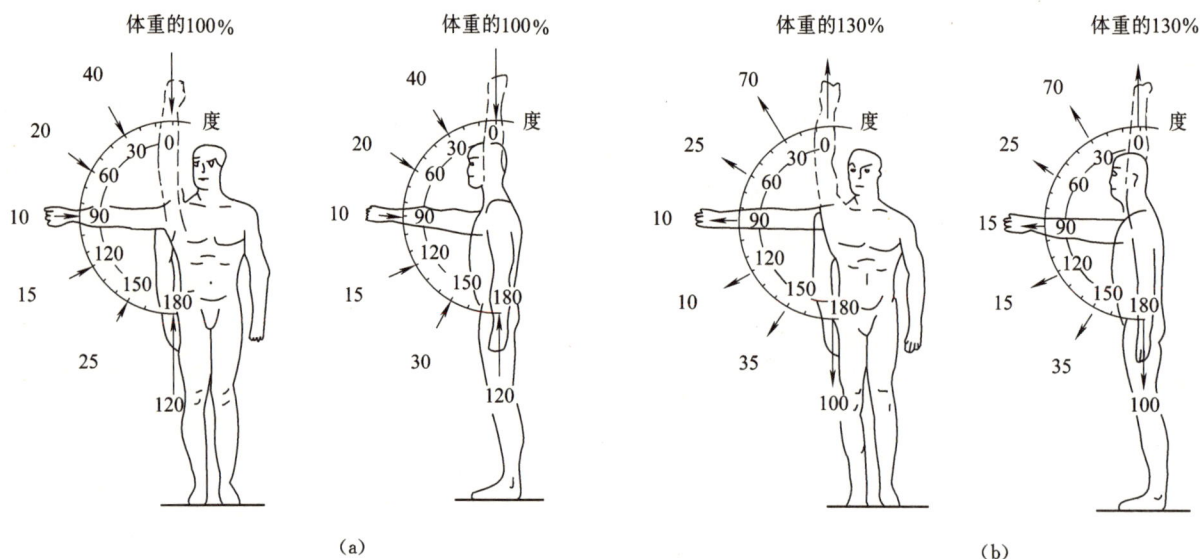

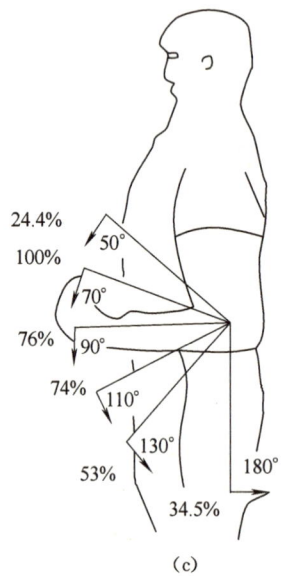

图 2-36　立姿时力量与手臂角度之间的关系
（a）立姿直臂时的拉力与推力分布；（b）立姿直臂时的拉力与推力分布；（c）立姿弯臂时的力量分布

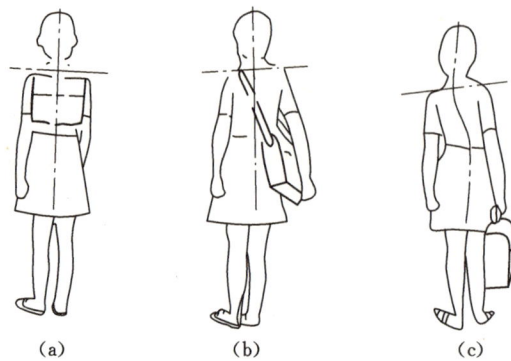

图 2-37　三种携带书包的耗氧量，借以说明静态
施力对耗能量（以％表示）的影响
（a）100％；（b）182％；（c）241％

坏的姿势

好的姿势

图 2-38 不同姿势

好的姿势可以避免不必要的背部弯曲

部分	职能	本质	图解	特点	进程
右脑	1.有将各种资讯组织和改进的能力。 2.利用想象力产生创造，感受灵感空间感觉。 3.情感性的、激情的、无次序的。 4.横向思考、联想、不断想象，没有什么不相关，一切都有可能。 5.开展性的、智力的运用(智力思维)。 6.可产生无数构想和答案。 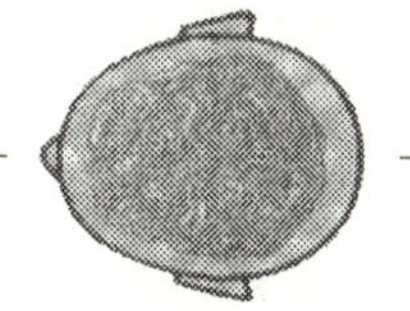	创造性挑战性行为	问题 横向思考 构想	正三角形	解决问题的创意越来越多，最后出现各种构思	不谈经验、不作判断
左脑	1.有对当前情况或问题，应付它的知识和技能。 2.利用逻辑，将资料、符号、数字、语言来分析、编排、推理、发现。 3.理智性的、冷静的、有次序的。 4.纵向思考、排他性、不断挑选，不相干的项目不在考虑之列。 5.凝聚性的、学问的积累(反应思维)。 6.只有极少答案。	分析性习惯性行为	解决方法	倒三角形	依需要和可能加以挑选，最后找出解决方法	改进、整理、归纳

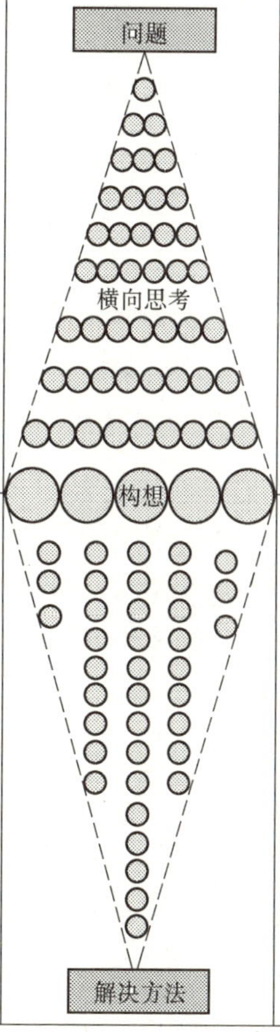

图 2-39 左右大脑的职能、特点图解

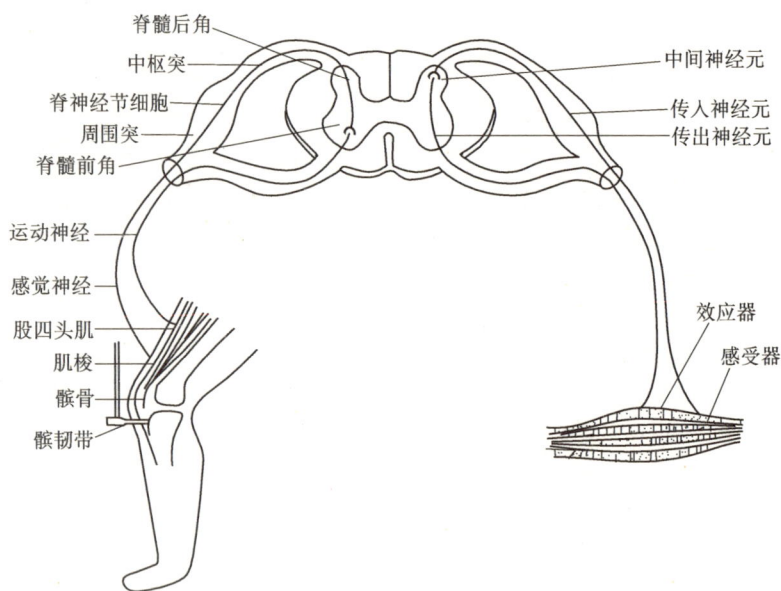

图 2-40　神经反射弧模式图

在人机系统中，人的操作活动正是通过神经系统的调节作用，使人体对外界环境的变化产生相应的反应，从而与周围的环境达到协调一致，保证人的操作活动正常进行。

1. 神经系统的基本结构

神经系统是由神经细胞（神经元）和神经胶质组成。

2. 神经系统的基本活动方式

神经系统在调节机体的活动中，对内、外环境的刺激所作出的适当反应，叫做反射。反射是神经系统的基本活动方式。

反射活动的形态学基础是反射弧，包括感受器——→传入神经元（感觉神经元）——→中枢——→传出神经元（运动神经元）——→效应器（肌肉、腺体）五个部分。只有在反射弧完整的情况下，反射才能完成。图 2-39 为反射弧模式图。

大脑是神经系统的高级部分，它对人体的管理是一种倒置的关系，即左半大脑控制右半身，右半大脑控制左半身，大脑上部控制人体下半身，下部大脑控制上半身。左半大脑偏重语言功能，右半大脑侧重空间功能。室内设计偏重于空间的想象功能，图 2-40 有助于更好的理解在设计中如何利用左右大脑的优势。

作 业 及 思 考 题

1. 对学校附近的大型商场进行人体工程学方面的全面考察，指出设计上的人性化和合理性，并找出存在的不足，给出解决的办法。

2. 人体测量知识在室内设计中的应用。

第3章 人体工程学与家具设计

家具是与人体接触最密切的物体之一，它的舒适与否能够直接影响人的工作、学习和休息，因此，人体工程学在家具设计中的重要性也被越来越多的设计师所关注。

现代家具设计最重要的因素就是"以人为本"，是基于人性的设计开发，进一步以科学的观点，研究家具与人体心理机能和生理机能的相互作用。家具的服务对象是人，因此设计的每一件家具都是由人使用的，必须符合人的身体特征，满足人的心理需要。

3.1 人体基本动作

人体是一个多变的结构，人体的动作也是千变万化，在家具设计中能够合理地依据人体一定姿势下的生理、身体结构和特点来设计家具，能调整人的体力损耗、减少肌肉的疲劳，从而极大地提高工作效率，因此，研究人体动作是非常必要的。

（1）立。人体最基本的一种自然姿态就是站立，站立是由骨骼和无数关节支撑而成，当人直立进行各种活动时，人体的骨骼和肌肉都处在变换和调节状态中，所以，人们可以进行各种不同形式的活动，如果人们长期处于一种单一的状态中，他的某部分关节和肌肉就会长期处于紧张状态，人就很容易产生疲劳。

（2）坐。人们都会有这样的感受，站久了腿会麻，全身疲劳，这时人就本能地选择变换姿势或坐下来休息。人体的躯干结构是支撑身体重量和保护内脏器官不受压迫，当人坐下时，人体的躯干结构就不能保持原有的平衡，人体必须依靠适当的座平面和靠背倾斜面来得到支撑和保持躯干的平衡，使人体骨骼、肌肉在人坐下来时也能获得合理的放松状态。

（3）卧。除了站立和坐着，人的大部分时间是处于躺卧的状态，这也是人们希望得到的最好的休息方式。在卧的时候，脊椎骨骼的受压状态会得到真正的放松，因此，一个床垫的好坏直接影响着人们休息和睡眠的质量。

3.2 椅子

椅子是每个人再熟悉不过的家具，不论是在工作场所、在家中、在公共汽车上或是在任何其他地方，总能看到各种不同形式的座椅，在人的一生中有很大一部分时间是花在坐的上面，坐不仅可以休息，而且设计舒适的座椅还能减缓工作时的压力。因此，在家具中坐的椅子是最重要的，也是种类和造型变化最丰富的一种家具。

同站立相比，坐姿更省力，较少疲劳，要舒服很多。但同时坐也对身体的主要支撑面产生压力，使臀部受到重压，坐久了就会感到不舒服，为此很多人体工程学的研究者便对椅子进行了各种尺寸和角度测试，希望设计出的座椅能满足不同坐姿下的各种使用要求，如图3-1所示。

3.2.1 座椅的基本尺寸要求

（1）座高。座高是指座面与地面的垂直距离，如果椅子的座面是倾斜的，那么通常以前座面高作为椅子的座高。座高的设计是否合理是影响坐姿舒适度的重要因

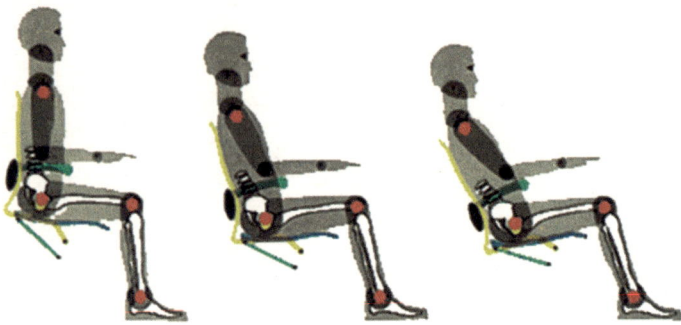

图 3-1　设计座椅时对人体各部位舒适度的调试

图 3-2　藤编沙发

图 3-3　扶手椅（曲木弯曲成型）

图 3-4　现代沙发

素之一，高度不合理会导致不正确的坐姿，并且坐的时间稍久，就会使人腰部产生疲劳感。

（2）座深。座深是指座面的前沿至后沿的距离。如果座面过深，超出大腿水平长度，而腰部缺乏支撑点而悬空，腰部肌肉的活动强度加剧从而导致疲劳产生。此外座面太深，还会使膝窝处产生麻木，并且也难以起立。因此在座椅设计中，通常座深应小于人坐姿时大腿的水平长度，使座面前沿离开小腿有一定的距离，保证小腿有一定的活动自由。

（3）座宽。座宽是根据人的坐姿及动作，一般呈前宽后窄的形状。座椅的宽度应使臀部得到全部支撑并有适当的活动余地，便于人体坐姿的变换。

（4）座面倾斜度。不同的椅子，座面的倾斜度不同，一般工作椅的座面以水平为好，甚至可考虑椅面向前倾斜，如通常使用的绘图椅就是向前倾斜的。但一般的休息用椅大部分都设计成向后倾斜的。

（5）靠背。靠背是座面水平面以上的支撑物。靠背的作用就是使躯干得到充分的支撑，特别是人体腰椎获得舒适的支撑面，因此靠背的形状要基本与人体坐姿时的脊椎形状相吻合，一般靠背的上沿不宜高于肩胛骨。

3.2.2　不同种类椅子的尺寸参数

由于人们在休息和工作时身体姿态的不同，因此建议根据其用途可以分为三类：休息椅、工作椅和多功能椅。

1. 休息椅

休息椅的种类和造型多种多样，是人们生活中使用频率最高的家具，不管造型如何变化，其尺寸设计都要保证休息时的舒适性。图 3-2～图 3-17 就是各种不同的休息椅。

图 3-5 休息椅

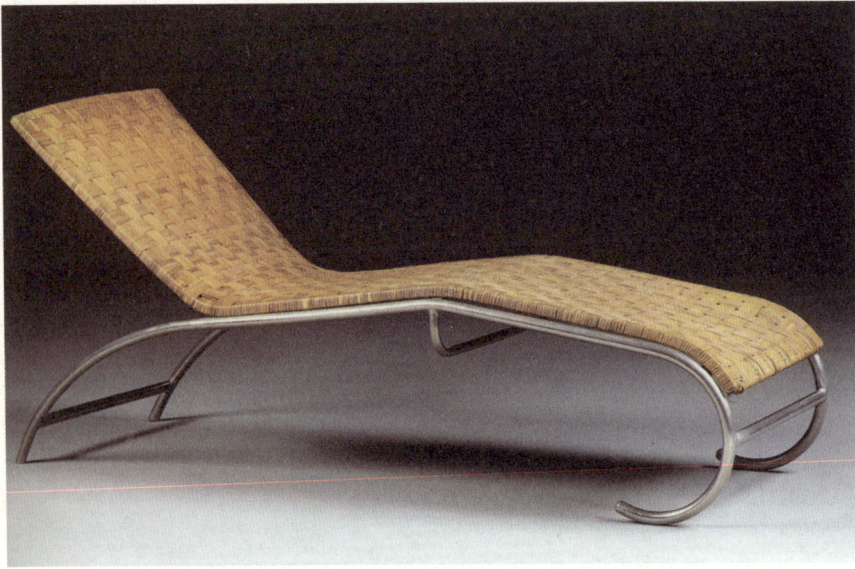

图 3-6　躺椅

图 3-7　现代休闲椅

图 3-8　休闲椅

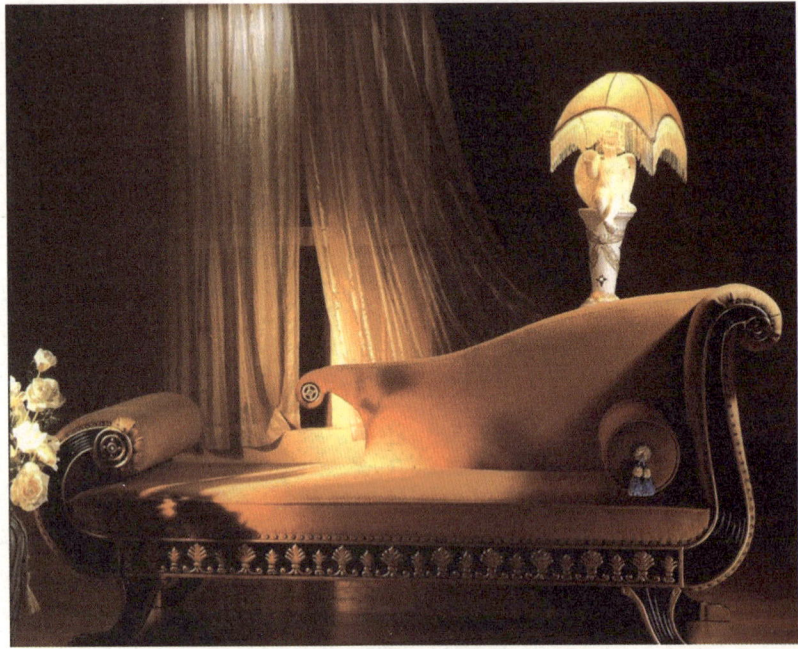

图 3-9　美人靠

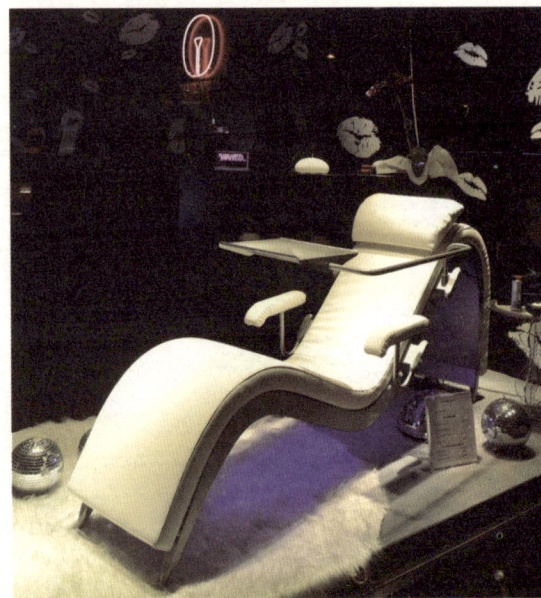

图 3-10　休息椅

图 3-11　2+1 沙发组合

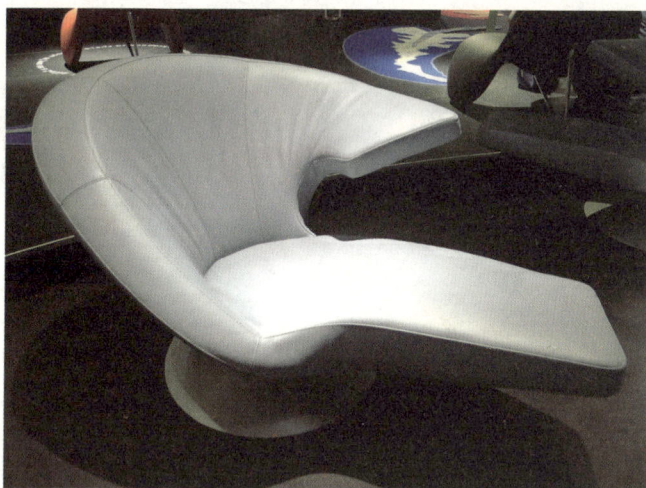

图 3-12　现代躺椅

图 3-13　时尚休闲沙发

图 3-14　多功能休息椅

图 3-15　组合沙发

图 3-16　单人休闲沙发

图 3-17　自由组合式沙发

　　（1）一般休息椅的尺寸。休息椅的设计首先要能使骨骼、肌肉得到放松，让人获得一种真正的休息。在设计时应尽量保证脊柱的正常形状，椎间盘上的受力最小，背部肌肉得到最大放松，尺寸可调的话，则能适合更多不同身材，不同年龄的绝大多数人的使用。表3-1是最舒适的椅子的平均值和折中的建议，表3-2为具有多种调节位置的休息椅的调节范围，以供设计时参考。

　　下面给出了不同休息椅的设计尺度参考数值和设计实例，见图3-18～图3-23。

表 3 - 1 **最舒适的椅子的平均值和折中的建议** 单位：cm

构造细部	健康的人		背部有病痛的人	折中的，既可阅读也可休息的
	阅读	休息		
坐面角度 SW	23	26	20	23
靠背角度 RW	103	107	106.5	107
坐面高度 SH	40	39	41.5	40
坐面深度 ST	47	47	48	48
腰垫的主要支撑点高度	14	14	9	8～14
扶手的高度 AH	26	26	26	26

注 所有尺寸的定义见图 3-18。

表 3 - 2 **具有多种调节位置的休息椅的调节范围**

构　造　细　部	要求的调节范围
坐面角度 SW	16°～30°
坐面高度 RW	34～50cm
坐面深度 ST	41～55cm
腰垫的主要支撑面在与坐面接触点以上的垂直调节范围	6～18cm
靠背角度 RW	102°～115°
椅子扶手的高度	22～30cm

注 所有尺寸的定义见图 3-18。

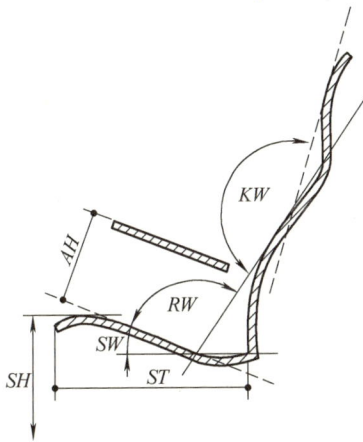

图 3-18 休息椅不同部位角度和长度的定义
SH—坐面高度；AH—扶手高度；SW—坐面坡度；RW—靠背坡度（坐面与靠背间的夹角）；KW—头枕的坡度；ST—坐位的深度

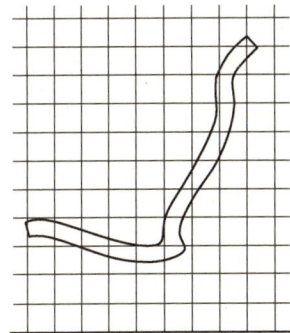

图 3-19 理想休息椅的轮廓线
对健康者和背部有病者都适用的理想休息椅的轮廓线
方格网为 10cm×10cm，粗线表示休息椅的硬质主体，
斜线部分是 6cm 厚的硬质泡沫面层

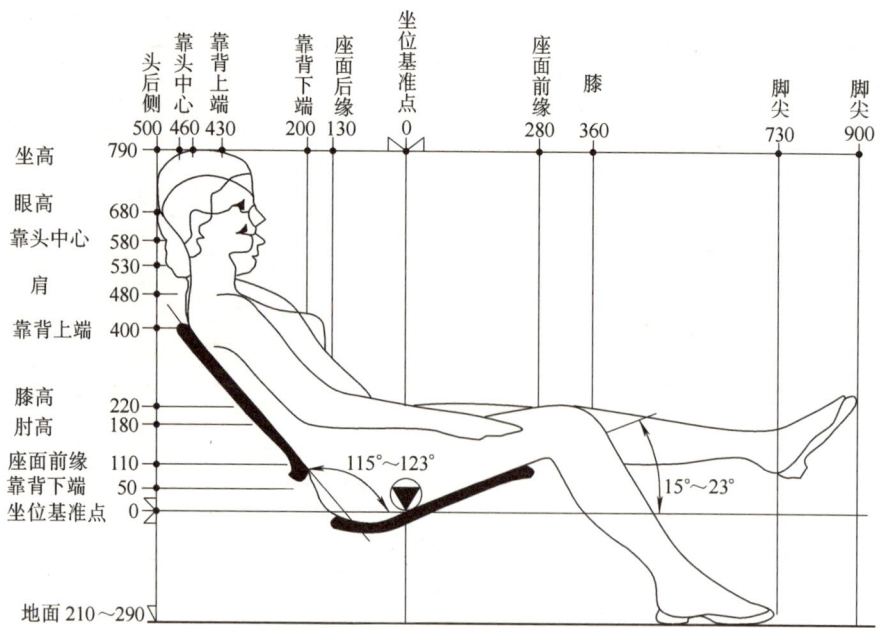

图 3-20　高度休息椅设计尺度（单位：mm）

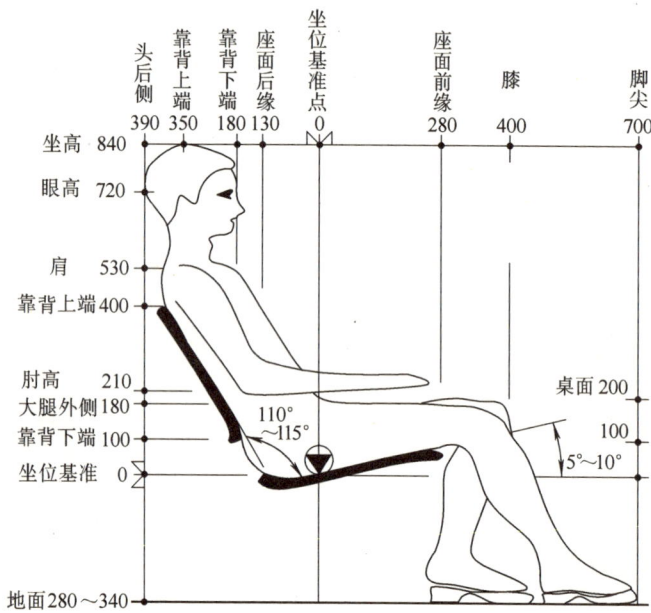

图 3-21　中度休息椅设计尺度（单位：mm）

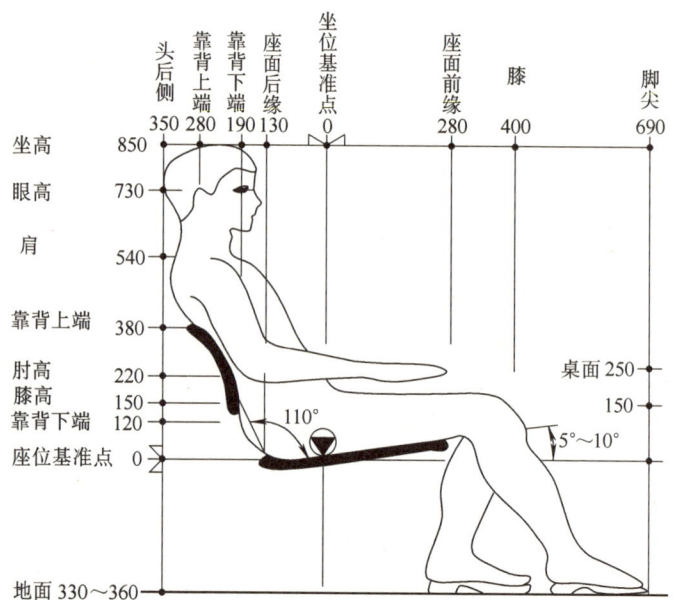

图 3-22　低度休息椅设计尺度（单位：mm）

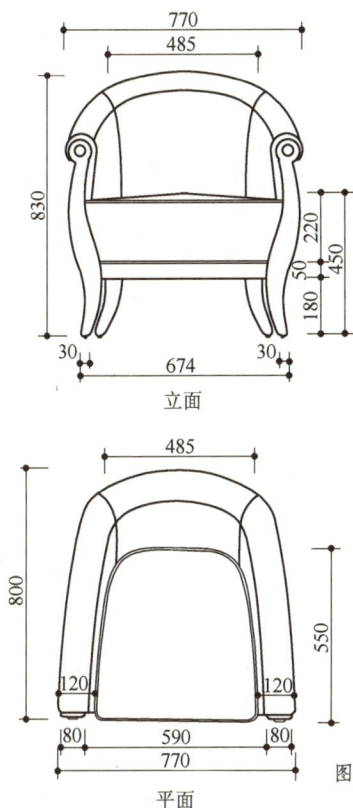

图 3-23 休闲椅设计实例 (单位: mm)

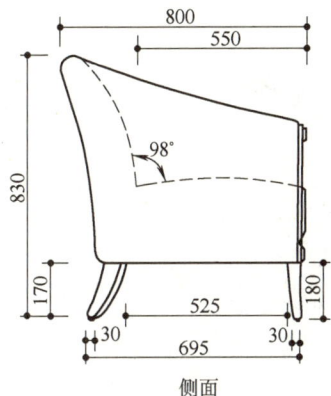

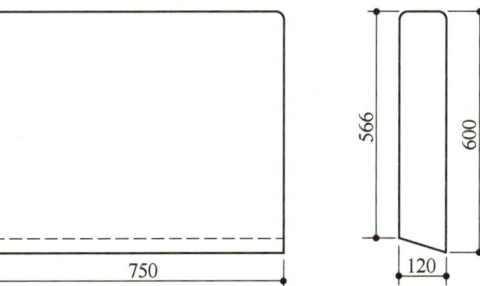

图 3-24 沙发靠垫尺寸及设计 (单位: mm)

（2）沙发和躺椅。沙发和躺椅是休息椅中最典型的类型，也是人们最常用的家具种类，尤其是沙发，几乎每个家庭都使用，它的舒适性不仅家人可以感受，客人也同样可以感受。

沙发的尺度与弹性材料的软硬有很大的关系，它的尺寸在满足一般休息椅尺寸的基础上，还可以有更加细致的尺寸参考。表3-3是沙发尺度主要数据的建议值。

表 3-3　　　　　　　　　　　　　　　沙发尺度主要数据建议值　　　　　　　　　　　　　　　单位: mm

项目	座宽	座高	座深	座斜	夹角 (°)	背高	腰高	颈高	扶手高
沙发	500	380～400	500～550	6～8	105～107	450	250	630	250
躺椅	550	370	500	14	120				

此外，沙发靠垫也是影响尺寸设计的一个重要因素，见图3-24，靠垫的尺寸一般在100～200mm，带靠垫的沙发，在设计时进深要适当增加。靠垫的软硬要适中，现在的靠垫材料多为蓬松棉、羽绒、海绵等，靠垫太软并不能使脊柱得到良好的支撑，高档靠垫往往采用海绵和羽绒的搭配，因为海绵可以起到定型的作用，而羽绒的触感较好。沙发的结构也是影响舒适度的因素之一，传统的沙发一般采用盘簧的形式，坐久了弹簧失去弹性变硬，极大地影响坐时的舒适感。现在的沙发结构有了很大的改进，如图3-25和图3-26所示，条形绷带、蛇簧或盘簧和厚厚的座垫，使人再也感受不到内部高低不一，弹性不一的老式沙发的坐感。

要说明的一点是，因为现在沙发品种众多，功能相同但形式与结构已与原来沙发完全不同，但不管造型如何变化，都要在满足基本坐姿功能的基础上，根据造型的变化灵活设计尺寸。此外，对进口的美式沙发，一定不能照搬，因为美国人的身高与中国人的不同，美式沙发一般都很大，中国人坐起来并不舒服，最好能对尺寸进行"国产化"的重新设计。

图3-27中是一些常见沙发的尺寸设计图。

（3）摇椅。摇椅是一种休闲椅，它的设计与人体工程学非常密切。图3-28所示为日本的一位学者奥村对摇椅曲率半径和重心的研究，供设计时参考。

摇椅座面和靠背的夹角以95°～100°为好。

表3-4是图3-28中4种摇椅尺寸的参考数值。

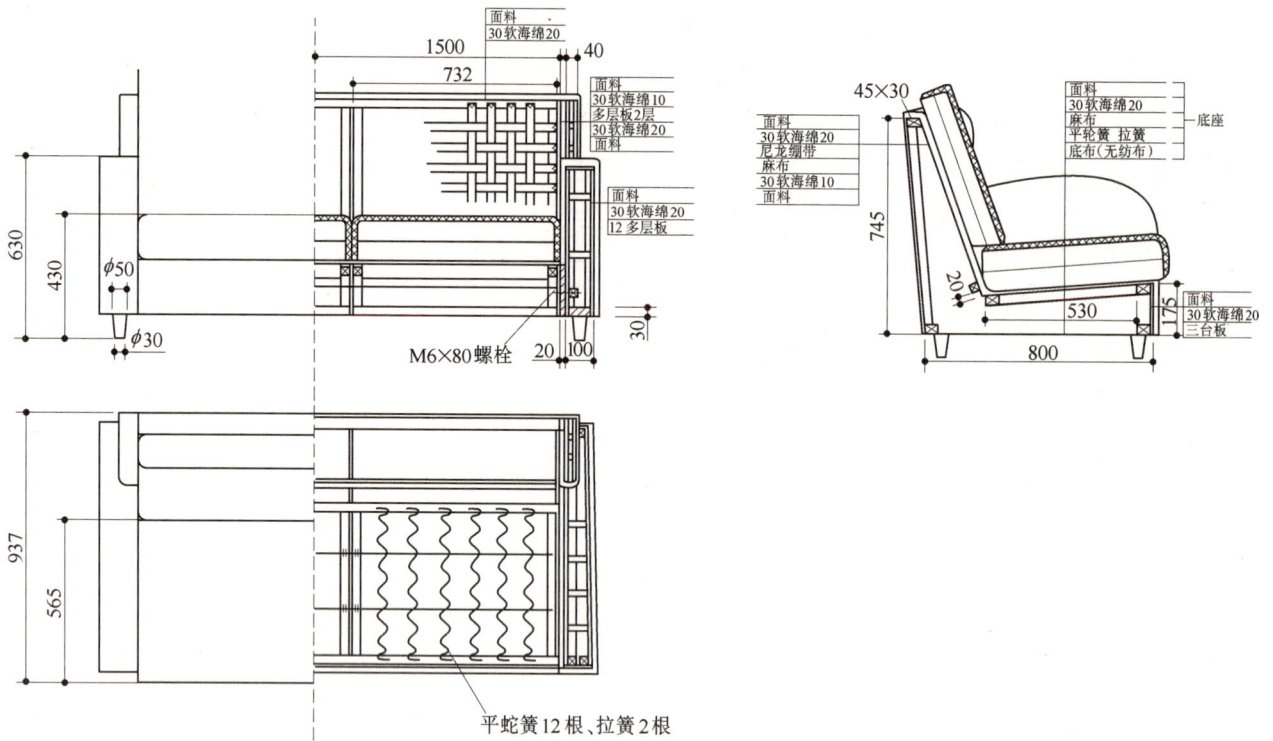

图 3-25 沙发结构图（单位：mm）

面料
30软海绵20

面料
30软海绵10
多层板2层
30软海绵20
面料

面料
30软海绵20
12多层板

1500
732
40
630
430
φ50
φ30
M6×80螺栓
20
100
30

937
565

平蛇簧12根、拉簧2根

45×30
面料
30软海绵20
尼龙绷带
麻布
30软海绵10
面料

面料
30软海绵20
麻布
平轮簧 拉簧
底布（无纺布）
底座

745
20
530
175
面料
30软海绵20
三台板

800

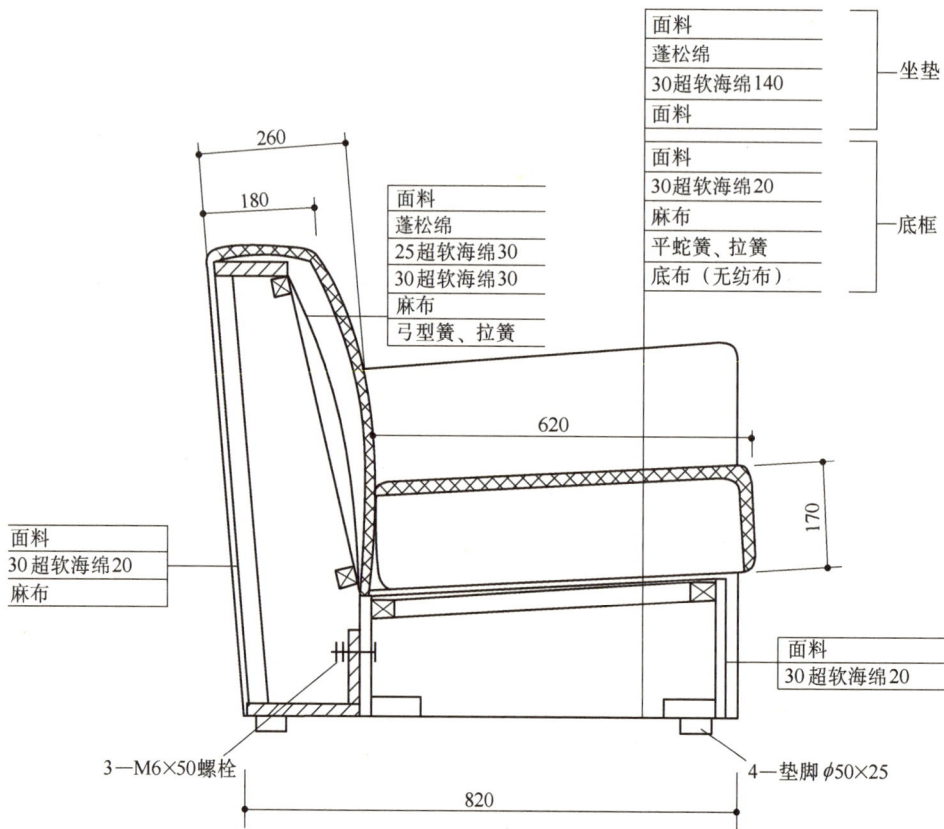

图 3-26 沙发填充层结构图（单位：mm）

面料
蓬松绵
30超软海绵140
面料
坐垫

面料
30超软海绵20
麻布
平蛇簧、拉簧
底布（无纺布）
底框

260
180

面料
蓬松绵
25超软海绵30
30超软海绵30
麻布
弓型簧、拉簧

620
170

面料
30超软海绵20
麻布

面料
30超软海绵20

3—M6×50螺栓
4—垫脚φ50×25
820

立面

侧面

平面

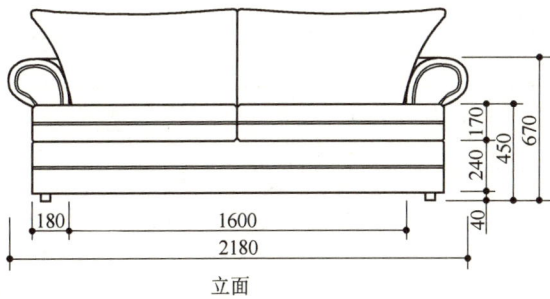

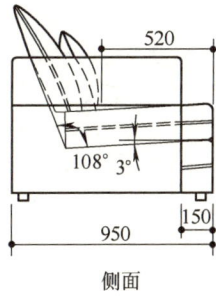

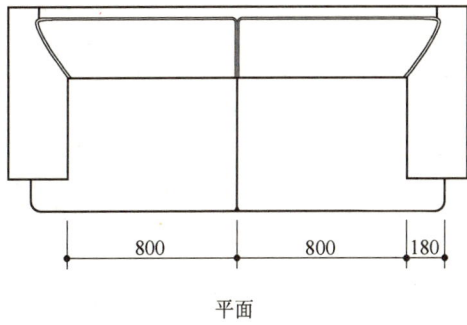

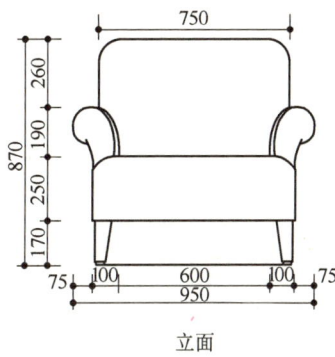

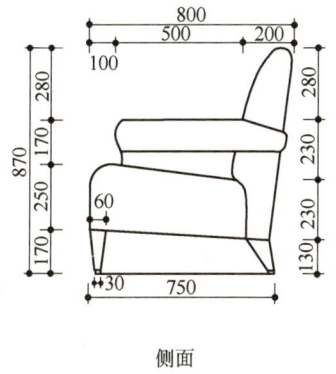

图 3-27　常见沙发尺寸设计图（单位：mm）

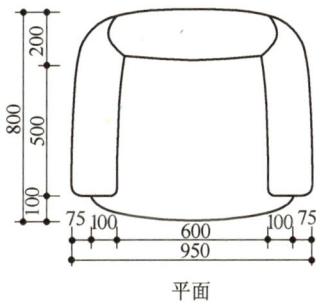

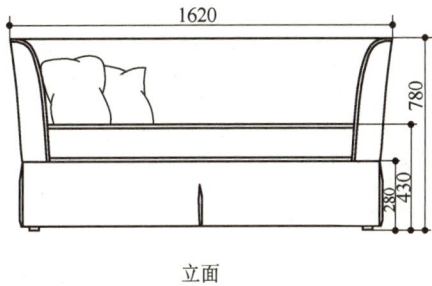

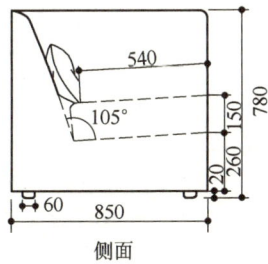

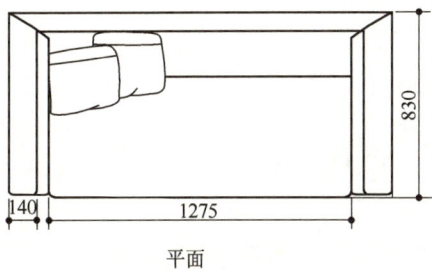

立面　　　　　　侧面

平面

立面

侧面

平面

表 3 - 4　　　　　　　　　　　　　　　　　　摇椅尺寸参考值

摇 椅 尺 度 参 数	摇椅 A	摇椅 B	摇椅 C	摇椅 D
摇椅重量（kg）	9.4	8.2	6.1	9.7
摇椅中央部分的曲率半径（cm）	76	102.5	130	140
摇椅重心高（cm）	39.1	43	43	40.6
交点的高度（cm）	31.7	31.7	31.7	32.3
座面与靠背的夹角（°）	95.5	98.5	86.5	95.8
坐下后实际座面与地面的夹角（°）	15.5	17.7	10.5	13.2

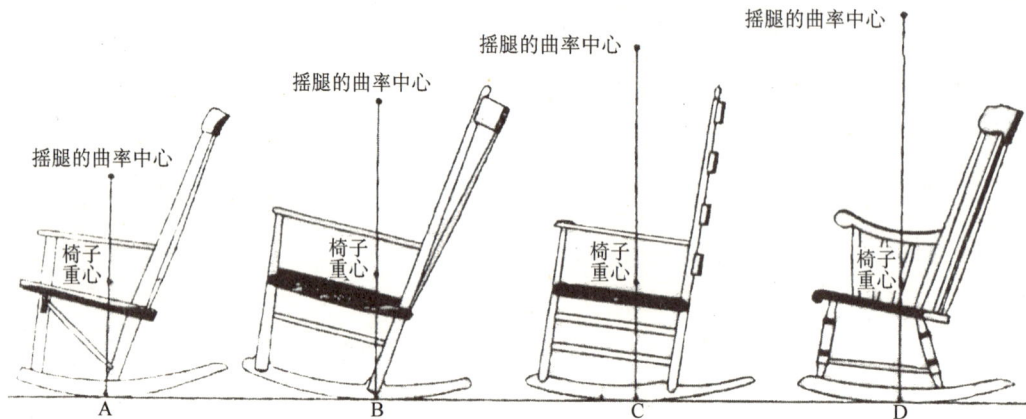

图 3 - 28　奥村研究用的摇椅

2. 工作椅

（1）工作座椅设计的主要依据。工作座椅的舒适度直接影响工作者的身体健康、工作效率，目前在全世界采取坐姿工作的人越来越多，由于技术的进步，更多的体力劳动者也采取坐姿工作，因此，工作座椅和相关的坐姿分析也日益成为设计师和人体工程学研究者关注的课题。芬兰的设计师库卡波罗在工作椅的设计开发方面做出了较大的贡献，他设计的根据人体脊柱和坐姿变化的多方位可调试工作椅受到很多人的青睐，如图 3 - 29 所示。

1）坐姿生理学。①脊柱：在良好的坐姿状态下，压力可比较均匀地分布在各椎间盘上，肌肉承受均匀的静负荷。在非自然姿势时，脊柱上的压力分布不正常，就会产生腰部酸痛、疲劳等不适感。图 3 - 30 中 A、B、C、D 是不同姿势下脊柱变化的情况，其中 A 为自然站立状态下的脊柱曲线；②腰曲弧线：从图 3 - 31 中我们可以看到，脊柱侧面有 4 个生理弯曲，即颈曲、胸曲、腰曲及骶曲。其中腰曲是坐姿舒适性的关键因素。所以，在设计时要尽量保证形成正常的腰曲弧线，躯干与大腿之间必须有大于 90°的角度，且在腰部有所支撑。可见，保证腰弧曲线的正常形状是获得舒适坐姿的关键；③腰椎

后突和前突：正常的腰弧曲线是微微前突，为使坐姿下的腰弧曲线变形最小，座椅应在腰椎部提供所谓两点支撑。腰椎后突和过分前突都是非正常状态。如图 3 - 32（b）所示。

2）坐姿生物力学。①肌肉活动度：当脊椎偏离自然状态时，肌腱组织就会受到相互压力（拉和压）的作用，使肌肉活动度增加。在挺直坐姿下，腰椎前向拉直使肌肉组织紧张受力，而提供靠背支撑腰椎后，活动力则明显减小；②体压分布：图 3 - 33 是理想的体压分布图，从该图中可以看出，座垫上的压力应按照臀部不同部位承受不同压力的原则来设计，即在坐骨处压力最大，向四周逐渐减小，至大腿部位时压力降至最低值，这是座垫设计的压力分布不均匀原则；③股骨受力分析：人体结构在骨盆下面有两块坐骨结节。人坐在舒适的座面上时，坐骨结节下面的座面呈近似水平时，两坐骨结节外侧的股骨处于正常的位置，像图 3 - 34（b）那样呈斗状的座面，股骨受挤压向上，引起不舒适感；④椎间盘受力分析：图 3 - 35（a）是舒适坐姿时椎间盘上受的压力均匀而轻微，腰部无不舒适感，由于坐姿不当，椎骨之间的间距发生改变，使压力平衡被打破，引起腰部不适。

图 3 - 29　库卡波罗根据人体工程学设计的座椅, 不仅功能合理, 而且造型也很优美

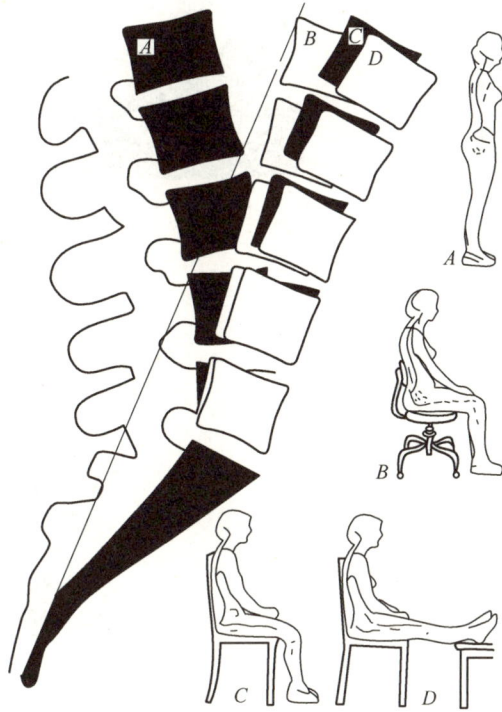

图 3 - 30　站和坐时脊柱的姿势

颈椎

胸椎

腰椎

骨椎

图 3 - 31　脊柱侧面

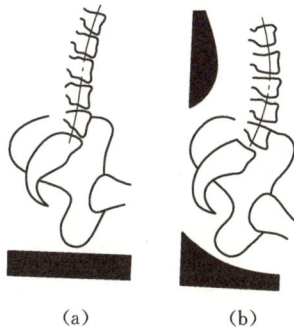

(a)　　　　(b)

图 3 - 32　腰椎后突和前突

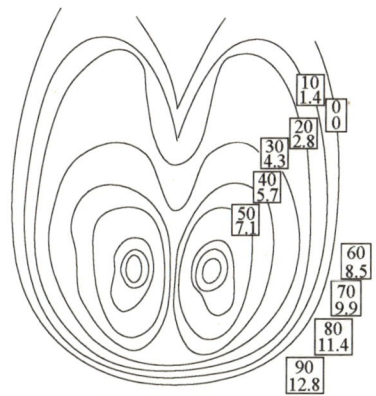

10	1.4
20	2.8
30	4.3
40	5.7
50	7.1
0	0
60	8.5
70	9.9
80	11.4
90	12.8

图 3 - 33　体压分布图
以等压线表示臀部的压力分布
(方框中上排数字表示 g/cm^2, 下排数字为 b/in^2)

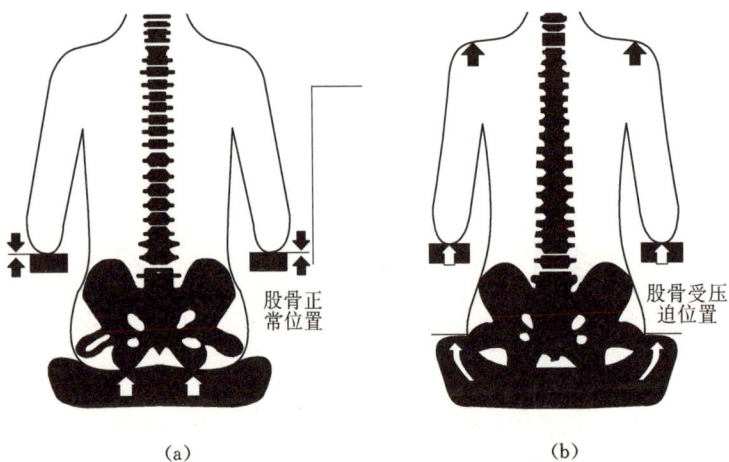

(a)　　　　　　　　　　　　(b)

图 3-34　股骨受力分析

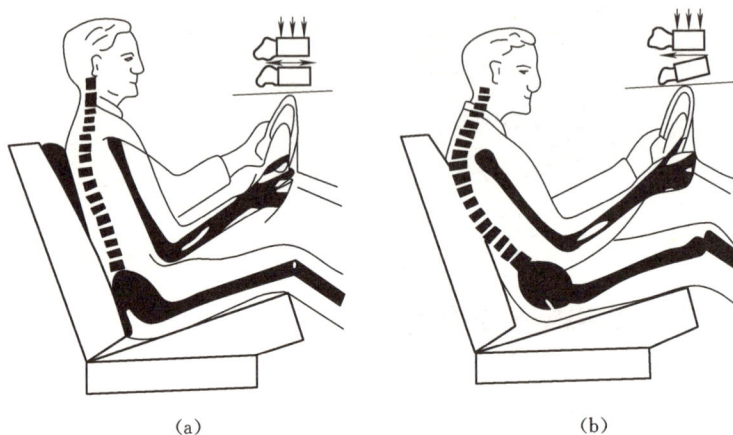

(a)　　　　　　　　　　　　(b)

图 3-35　椎间盘受力分析

（2）新式办公座椅。传统的办公座椅使用的是普通的餐椅或座椅，而现代办公座椅无论是公用还是家用，都有了很高的要求。北欧一些设计者在这方面取得了很大的成就（见图 3-36），以下就介绍几款新式办公座椅，他们在人体工程学方面的贡献是巨大的。

1）动态座椅。所谓"动态"座椅，其设计特点是座椅能对坐者的动作与姿势作出自动响应，见图 3-37。

2）膝靠式座椅。为了适应办公室工作，如打字、书写的坐姿要求，座面应设计成前倾式。提供一膝部下方至小腿中部的膝靠，这样座面倾斜时前滑的趋势被膝靠阻挡，保持坐姿的稳定。

膝靠式座椅是一种打破传统座椅支撑上体重量靠臀部的椅子。

3）可组装移动式座椅。这种座椅主要从使用的灵活性和生产制造的便利性来考虑，可大批量"复制"，简单实用，但舒适性稍差一些，如图 3-38 所示。

（3）工作座椅设计要点。

1）工作座椅的结构形式应尽可能与坐姿工作的各种操作相适应，使工作者保持舒适和稳定。

2）座高和腰靠最好是可调的，腰靠可为无级调节。

3）可调部分的结构必须安全可靠。

4）各种外露的零部件必须圆滑过渡，不能伤害使用者。

5）腰靠要设计的有一定弹性和足够的刚性，倾角不能超过 115°。

6）一般不设扶手，要设扶手必须保证高度舒适和安全性，不能妨碍工作。

7）座椅材料应耐用、无毒等。腰靠和扶手要柔软，透气性好，吸汗。

（4）工作座椅主要参数。表 3-5 中所注的座椅参数

图 3-36　根据人体工程学设计的座椅

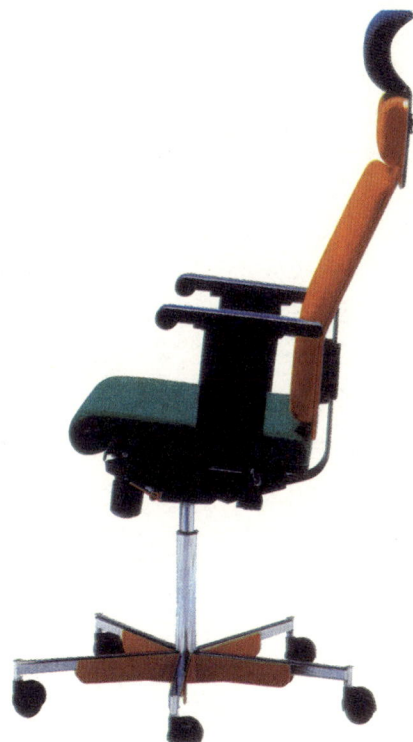

图 3-37　库卡波罗设计的多功能可调座椅，可以在 8 个方向进行不同的调节

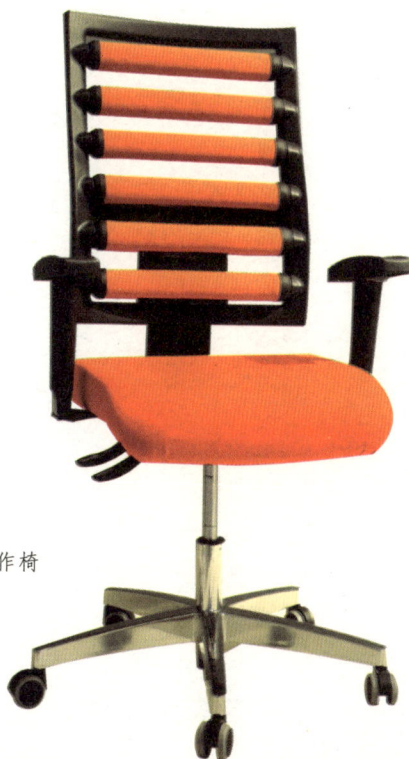

图 3-38　现代工作椅

可依据中国成年人人体尺寸确定具体数值，表中参数的确定，已考虑了操作者穿鞋和着冬装的因素。

（5）工作座椅设计实例。设计实例见图3－39～图3－45。

（5）工作座椅设计实例。设计实例见图3－39～图3－45。

表3－5　　　　　　　　　　　　　工 作 座 椅 主 要 参 数　　　　　　　　　　　　　单位：mm

参 数	符 号	数 值
座高	a	360～480
座宽	b	370～420 推荐值400
座深	c	360～390 推荐值380
腰靠长	d	320～340 推荐值330
腰靠宽	e	200～300 推荐值250
腰靠厚	f	35～50 推荐值40
腰靠高	g	165～210
腰靠圆弧半径	R	400～700 推荐值550
倾覆半径	r	195
坐面倾角（°）	α	0～5 推荐值3～4
腰靠倾角（°）	β	95～115 推荐值110

注　1. 表中各符号所代表的参数意义见图3－44。
　　2. 表中所列参数 a、f、g、α、β 为操作者坐在椅子上之后形成的尺寸、角度。

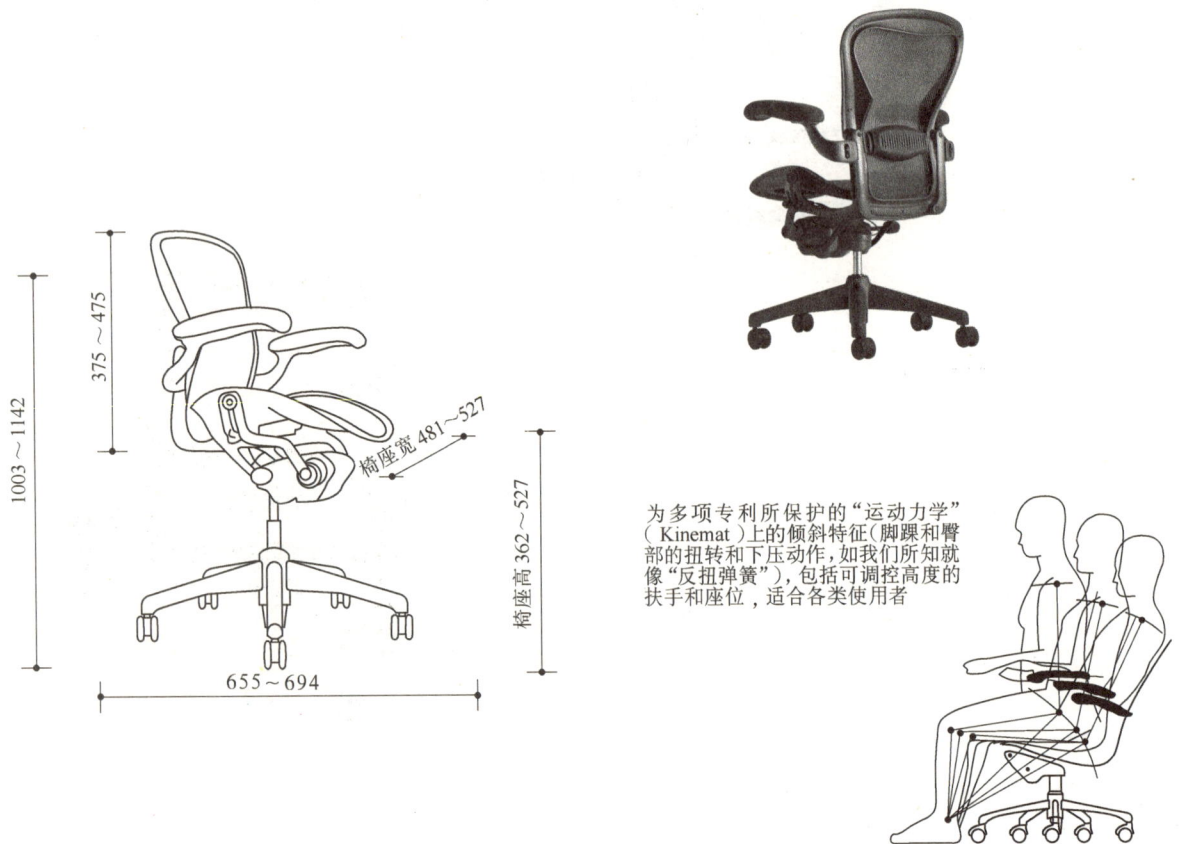

为多项专利所保护的"运动力学"（Kinemat）上的倾斜特征（脚踝和臀部的扭转和下压动作，如我们所知就像"反扭弹簧"），包括可调控高度的扶手和座位，适合各类使用者

图 3－39　一般办公椅设计尺寸参考（单位：mm）

三维图形中（右图）显示出在杠杆
原理的作用下，椅背和椅座的同步
运动

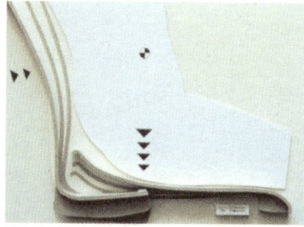

利用纸和 PVC 管，制成的与实物大小相同的模型（右图），
能够很好地演示椅子的构造

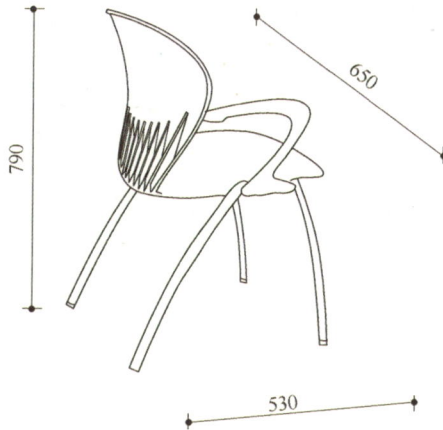

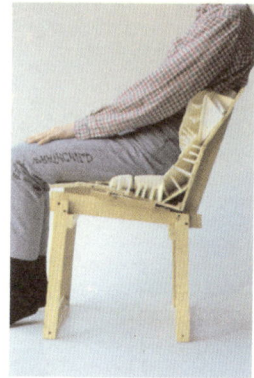

650

790

530

人体工程学实验的模型

图 3-40　利用人体工程学模型设计的座椅（单位：mm）

软木材料
（椅子的表面）
就像装饰布
一样柔软

椅子的后背
可插入狭槽
（6cm 宽）
中固定

椅子上的部分结构是
粘在一起的，椅座和
后背则是用 8 个螺钉
和 8 个旋转铆钉固定

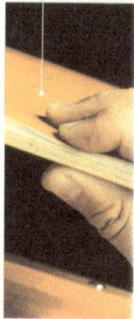

基层木质表面

椅子中间的填充织
物有一层聚氨酯泡
沫，它是采用高温
高压的方法固定在
软木材料的内表面

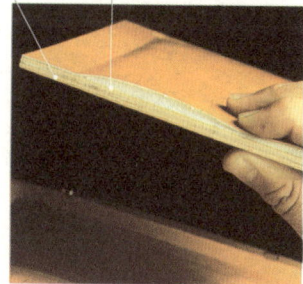

椅背
椅座

175

140

765

450

405
350

463.5

图 3-41　该座椅在靠背的地方增加了软质填充物，
　　　　　使靠背更舒适（单位：mm）

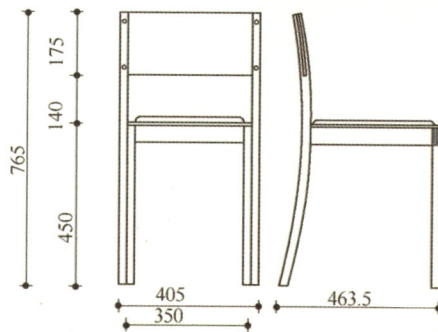

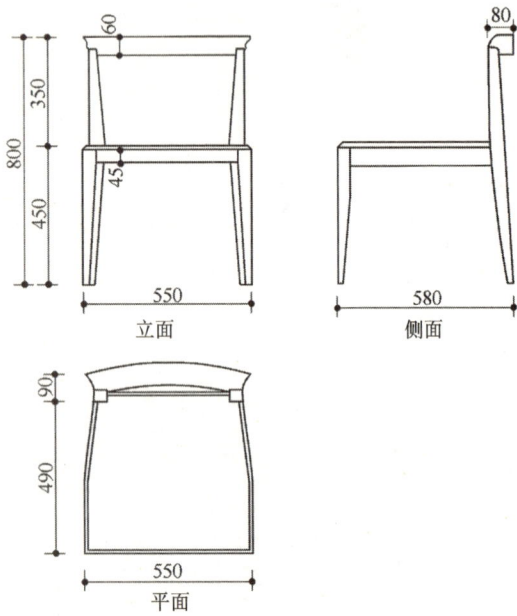

图 3-42　一般座椅设计实例（单位：mm）

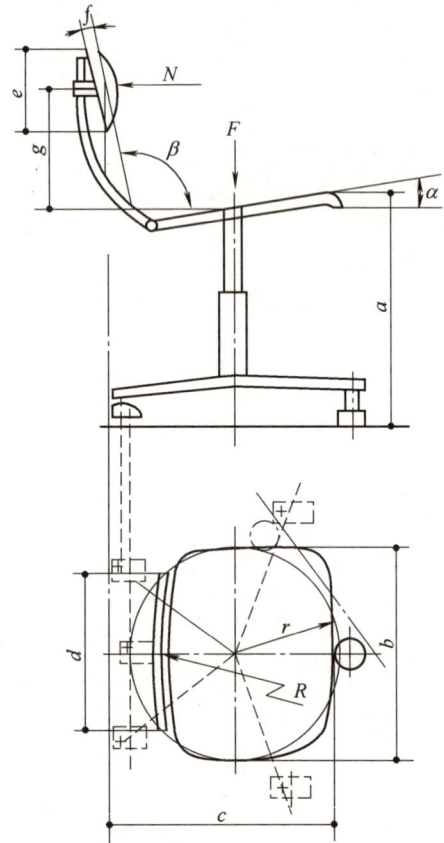

图 3-43　一般工作椅结构，结合表 3-5 的参数

图 3-44　人体工程学与座椅设计

(a)

(b)

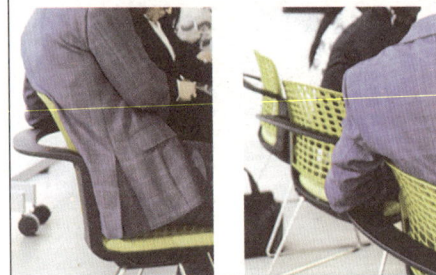

(c)

(d)

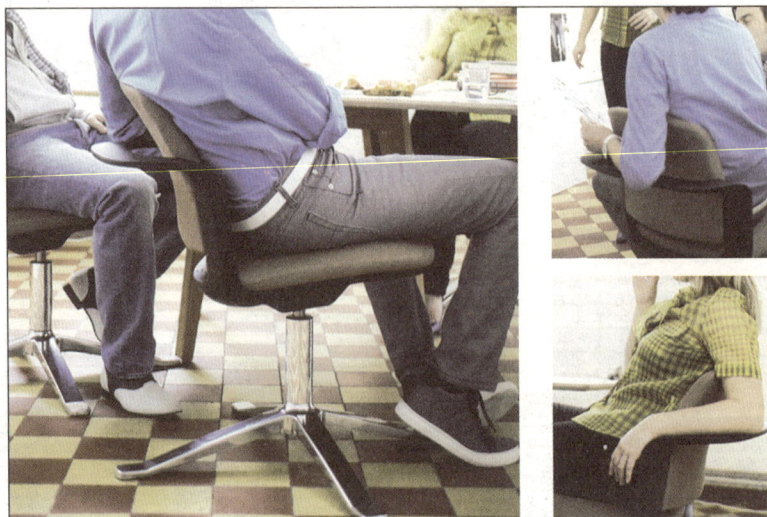

(e)

图 3-45　办公座椅设计实例

在办公座椅的设计中，舒适度和便捷性是很重要的内容。在这款座椅的设计中，扶手的设计是一个亮点。设计师分析了使用者的不同坐姿，根据使用时的各种不同需要，扶手满足了不同的功能需要。图（a）和（b）为座椅整体摆放效果；（c）、（d）和（e）是工作状态时，人与扶手的互动关系

(a)

(b)

(c)

(d)

图 3-46 不同形式的床
(a) 圆形床；(b) 有床头的传统床；(c) 多功能床头的现代式床；(d) 封闭式床，具有和式风格

3.3 床

床是提供人休息最充分的家具，人离不开床，在人的一生中1/3的时间是在床上度过的，它在心理上给人一个彻底放松的平台，使人充分享受生活的宁静与安详。床的舒适直接影响休息和睡眠的质量，是关乎健康的大事，不容忽视。在床的设计中，尺寸必须满足使用者的身长，并且提供适当的余地作为活动的需要，保证肌体得到充分的放松。图3-46介绍了四种不同形式的床。

3.3.1 影响睡眠的主要因素

影响睡眠的物质条件有温度、湿度、通风、照明、空间形态等，参见图3-47。

3.3.2 床的尺度

根据人体主要尺寸数据，床的尺寸见图3-48，同时床垫和床单的尺寸也给人们的购买提供了参考。此外，

依据我国成年男子平均身高值，床的长度可在1900～2030mm之间。依据我国成年男子平均肩宽410mm，单人床宽度一般为1000～1200mm，不少于800mm，双人床宽度一般为1500～1800mm，不少于1350mm。

床高以400～450mm为宜。卧具中的人体相关尺寸如图3-49中所示的图例。

3.3.3 床垫质量与睡眠

目前，在市场上，床的尺寸几乎是固定的几种模式，但质量却千差万别，而床垫质量的好坏直接影响着人们的健康和休息。

床垫很软时，重的身体部分（臀部）下陷较深，而轻的部分则下陷较小，这样就使腹部相对上浮造成身体呈W形，使脊柱的椎间盘内压力增大，结果很难入睡。床垫很硬，背部的接触面积减小，局部压力增大，背部肌肉收缩增强，也会使人感到不舒适，因此，床垫不是

越软越好，或越硬越好，软硬适度的床垫才是对人体有益的，才能保证有更好的睡眠效果。此外，床垫还要满足舒适、保温、充分的吸收汗液和透气性。

人们在睡眠时，常采取的各种睡姿中，以头部稍高的仰卧为最佳的睡眠状态。但不能简单地认为是站立姿态的横倒（脊柱的弯曲程度不同），好的卧具应根据人体形态的需要给予良好的支撑。

3.3.4 床垫的结构

床垫的结构在某种程度上讲直接决定床的质量，随着市场的规范及家具检测的强化，现在的床垫在质量上有了很大的提高。床垫的结构并不复杂，多为三层，如图 3-50 与图 3-51 所示，其中缓冲层是质量好坏的关键因素。图 3-50 中 A 为软质层，直接与身体接触；B 相当硬，可以保持身体整体水平上移动；C 为软质层，受到冲压时起柔和的缓冲作用。

3.3.5 枕头

枕头也是影响睡眠质量的重要因素之一，中国人喜欢用荞麦壳作枕芯，因为它对皮肤的触感、弹性、散热性、透气性等都很好。西方人喜好用羽毛枕，其次是木棉。枕头的高度在 60~80mm 比较适中。

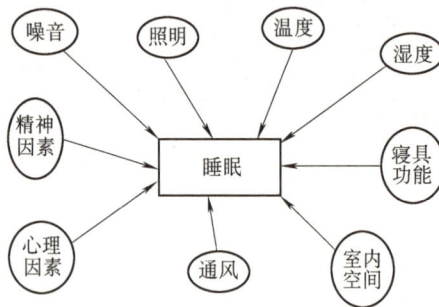

图 3-47 影响睡眠的因素

双人	豪华双人（女王级）	豪华双人（国王级）	豪华双人	单人	加长单人
床垫 1370×1900 床罩 2180×2180	床垫 1520×2030	床垫 1980×2030 床罩 2640×2280	床垫 1820×2130	床垫 990×1900 床罩 1720×2180	床垫 990×2030 床罩 1720×2280

图 3-48 床垫和床罩的尺寸及设计尺寸图案例（单位：mm）

女子

卧于硬床上的人体与骨骼　　卧于软床上的人体与骨骼

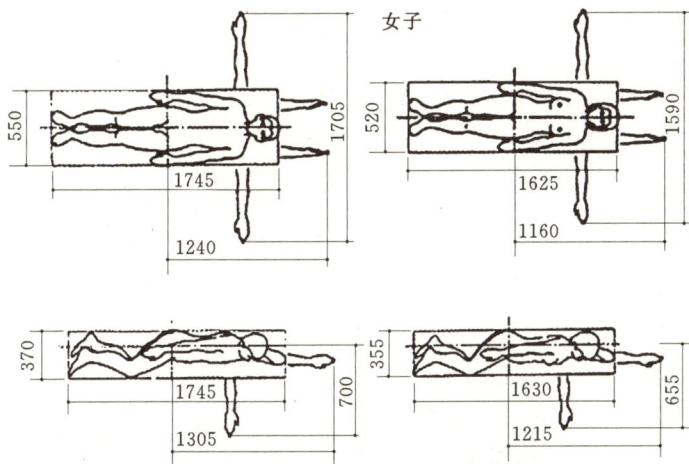

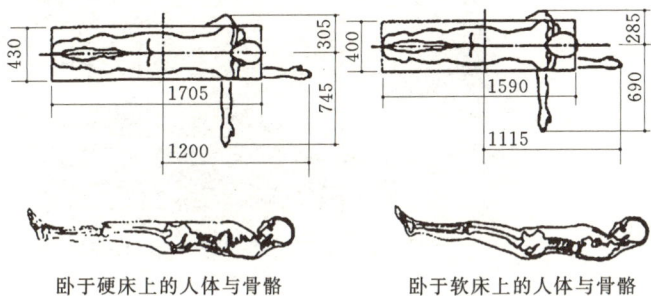

图 3-49　我国床的尺寸设计（单位：mm）

图 3-50　床垫的三层构造

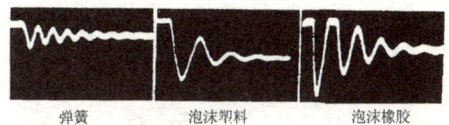

弹簧　　泡沫塑料　　泡沫橡胶

图 3-51　床垫使用的材料，从图中的缓冲性看弹簧最好

3.4　桌类

桌类家具是人们生活和工作所必需的依凭性家具，如吃饭用的餐桌，写字用的书桌，绘图用的制图桌等，成为人们日常生活不可缺少的部分。此外还有一些公共场所使用的操作台、售货柜台、收银台、讲台等，为人们的生活提供了极大的便利，见图 3-52～图 3-56。

3.4.1　坐式用桌的基本尺度要求

1. 高度

桌子往往是和椅子一同使用的，因此，在桌子高度的确定中，椅子的尺寸也是至关重要的参考数据。下面通过一个经验公式可以获得合理的桌子高度。

桌高＝坐高＋桌、椅高度差（1979 年国际标准规定为 300mm，我国为 292mm）。

从中可以看出，这个高度差是设计的关键，它可以保证双腿能自由移动、搭叠、进出等各种活动，减缓工作时疲劳的产生时间。

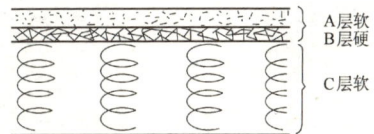

由于现代化的大批量生产，桌子的高度也渐渐走向标准化，我国国家标准 GB 3326—82 规定桌面高度为 700～760mm，级差为 20mm，即桌面高度分别为 700mm、720mm、740mm、760mm 等规格。

我们在实际应用中，可根据不同的情况来增减，把造型的需要也考虑进来，以上的数据只是一种参考。

2. 桌面尺寸

桌面是以人的手臂活动为主的区域，它的尺寸设定要依据人的动态尺寸数据。

国家标准 GB 3226—82 规定如下。

双柜写字桌面宽：1200～1400mm，面深 600～750mm。

单柜写字桌面宽：900～1200mm，面深 510～600mm。

宽度级差为 100mm，深度级差为 50mm，便于批量生产的需要。

在实际中我们会看到各种各样的桌子，尺寸也差别很大，所以在实际设计时，一定要把标准数据和自己的

图 3-52 绘图桌，倾斜的桌面更适合画图时的要求

图 3-53 服务台

图 3-54 写字桌

图 3-55　操作台

图 3-56　收银台

造型、使用功能结合起来综合考虑，才能设计出既舒适又美观的桌子。图 3-57～图 3-64 是几种不同种类、不同造型的桌子的功能设计或尺寸参考图例。

3. 桌面下的净空尺寸

桌面下留有一定的空间是保证坐姿时下肢能自由的放置和活动，能保证双腿交叉叠起时依然不受束缚，尚有一定的活动余地。一般在 150～300mm。

3.4.2　立式用桌的基本尺寸要求

立式用桌主要包括公共场所使用的操作台、售货柜台、收银台、讲台等。根据我国人体的平均身高，立式用桌的高度以 910～970mm 为宜。立式用桌的下部一般是用于储藏的柜子，而不需要预留容膝空间，但是要留出容足空间，这个尺寸一般高度 80mm，深度 50～100mm。

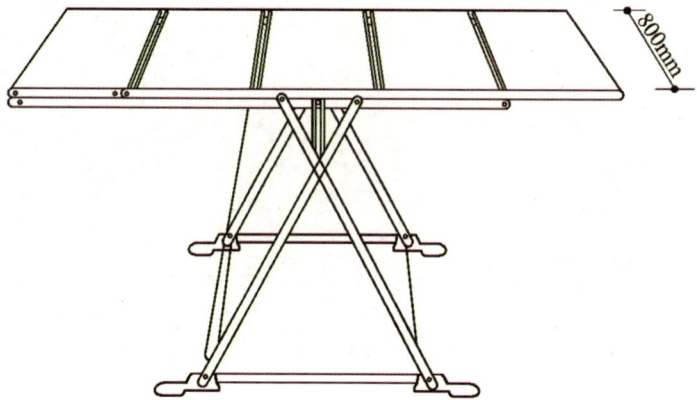

800mm

可以是一张平面桌，也可以竖起来作书架或搁物架（上图所示），还可以倾斜为一书架（如右图所示）

灰棕色或灰绿色油地毡镶面的天然样本

漆成银色的钢架

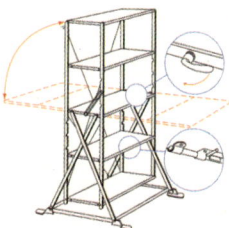

图 3-57　图中是一款多功能桌，通过操纵一个"松开—锁住"的杠杆可以很容易地转换成竖起来的搁架

Round !

Wire mesh
plastic lattice

Up! Up!

1600 k

Concrete
block

Iron rod

S/S Tube
knock down!

150

Drain plug

图 3-58　这是一款创意桌的构思过程，其想法是设计一个桌子，碗放在上面，
　　　　即使小孩碰倒了，碗里的水也不会洒落一地

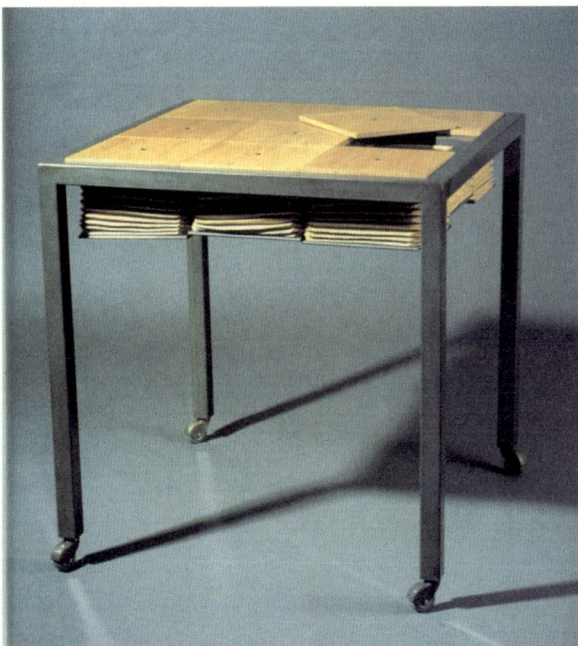

图 3-59　这是法国设计师杰罗姆设计的书桌，桌面
　　　　800mm×800mm，桌子高度750mm，桌面
　　　　下方的"风箱式口袋"是设计的关键，它
　　　　能更方便人的使用

图 3-60　这是一个座面和座椅可同时伸缩的桌
　　　　子，桌面宽1230mm，高度720mm，
　　　　拉伸的最大长度为5m，如同变魔术
　　　　一样

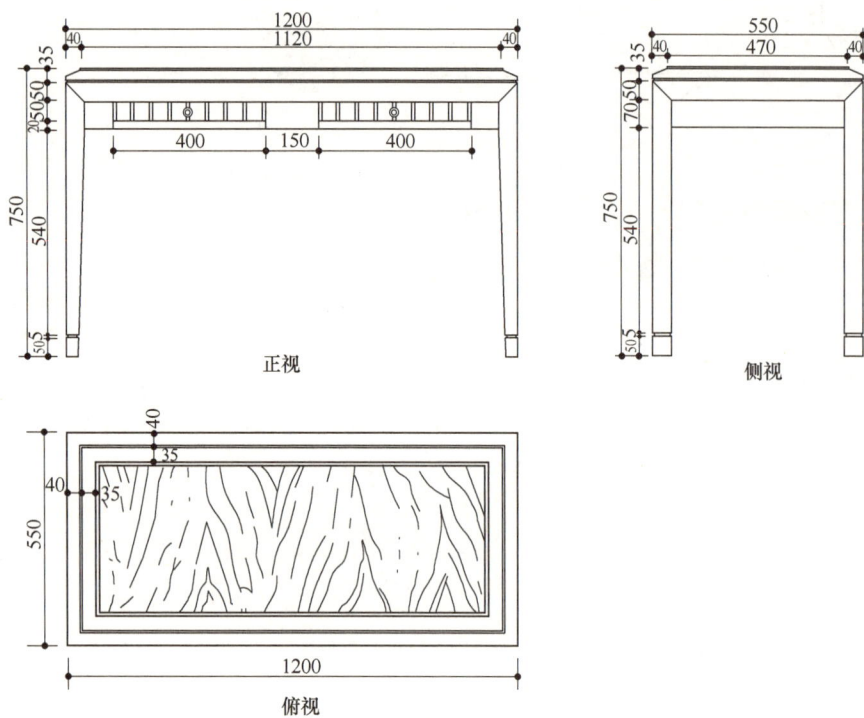

图 3-61 接待台设计尺寸图（单位：mm）

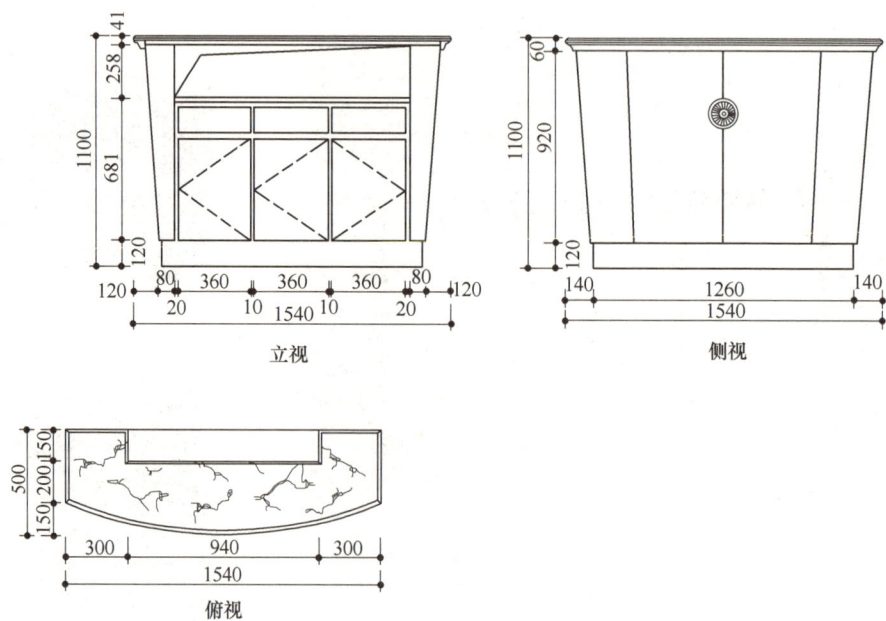

图 3-62 写字台设计尺寸图（单位：mm）

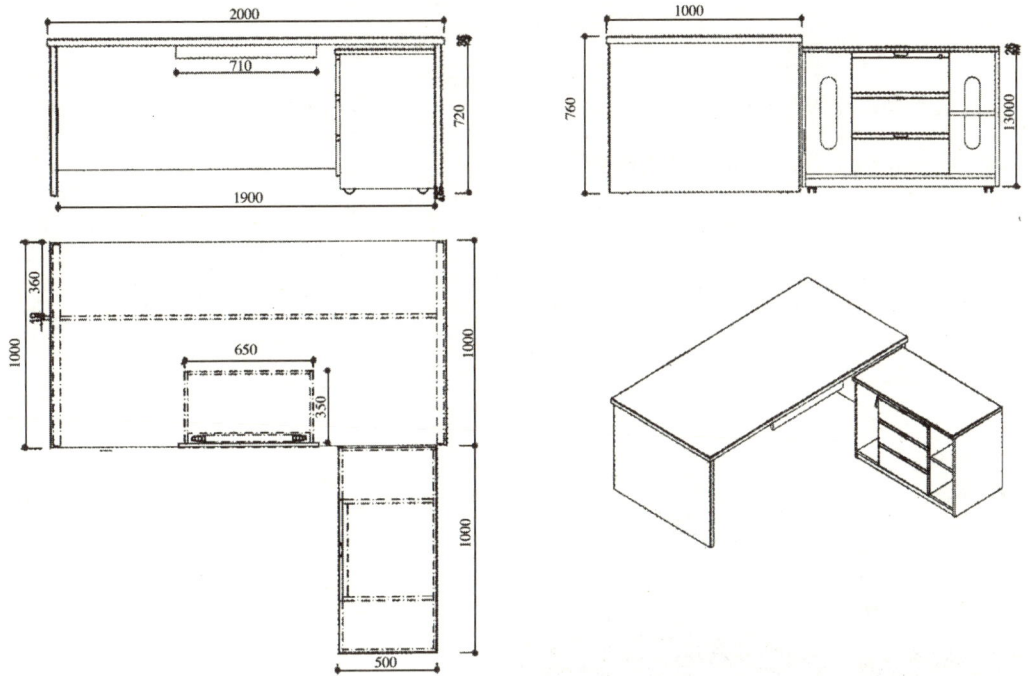

图 3-63　办公桌设计尺寸图（单位：mm）

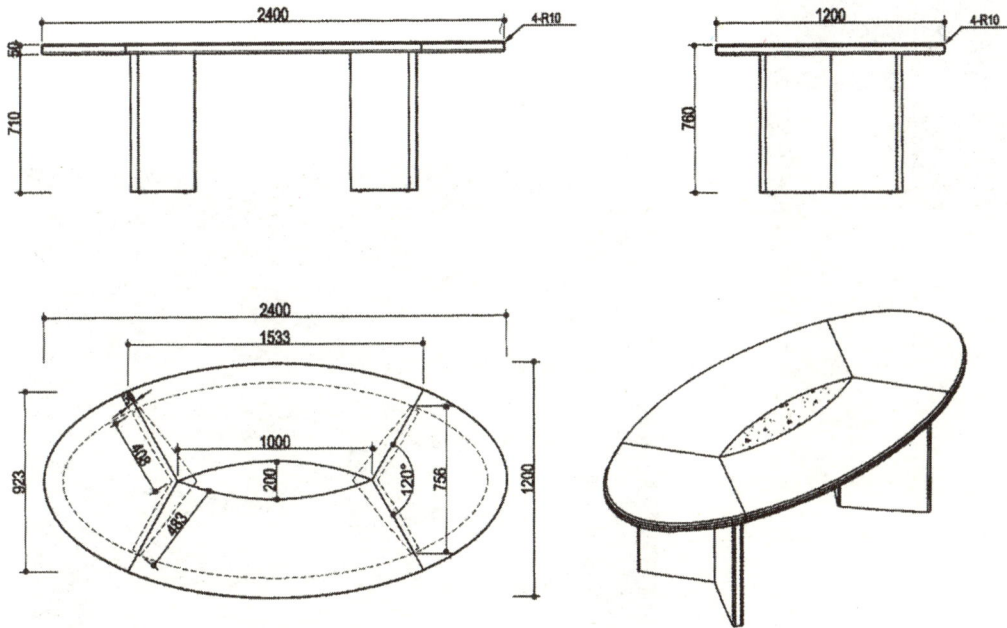

图 3-64　会议桌设计尺寸图（单位：mm）

3.4.3 几种常用桌尺寸推荐及举例

（1）办公桌高度为760mm。

（2）中餐桌高度为780mm。

（3）西餐桌高度为750mm。

（4）电脑桌高度为760mm，键盘高度为730mm。

（5）会议桌高度为760mm。

（6）茶几高度为450mm，边几高度为580mm。

（7）酒吧台高度为1150mm。

3.5 柜类家具

柜类家具属于储藏类家具，一般体量较大，主要是存放日常用的日用品、书籍、衣物、消费品等，其种类也是相当多如书柜、衣柜、酒柜、展示柜、吊柜等。由于功能的限制，其造型变化不如椅子那样多。

从人体工程学的角度考虑，柜类家具必须要满足两个方面的基本要求：①内部空间划分合理，方便人们拿取。这种对柜内部的划分方式，很受现代人的欢迎，分类放置，既整洁又美观；②满足不同物品存放的要求，储存数量充分、方式合理。如图3-65所示。

图3-65 矮柜和组合柜

在柜类家具的尺寸设计中，不仅要满足人体的结构尺寸，而且对它与其他家具和物品的协调摆放，我们也应做到心中有数。比如，在一组客厅家具的选购中，沙发高度440mm，电视柜高度500mm，乍一看，也没有什么不合理，但是，主人所使用的电视是34寸的，把它摆放在500mm高的柜子上，很明显与只有440mm高的沙发很不协调，造成人在看电视时会仰头，久之导致疲劳和不舒服。表3-6是柜类家具尺寸限定表，以便在设计中参考。图3-66～图3-68是各种柜类参考图例。

表3-6　　　　柜类尺寸限定表　　　　单位：mm

类别	限定内容	尺寸范围	级差
衣柜	宽	>500	50
	挂衣棒下沿至底板	>850	
	表面距离	>1350	
		>450	
	顶层抽屉上沿离地面	<1250	
	底层抽屉下沿离地面	>60	
	抽屉深	400~500	
书柜	宽	150~900	50
	深	300~400	10
	高	1200	50
	层高	1800	
		>220	
文件柜	宽	900~1050	50
	深	400~450	10
	高	1800	

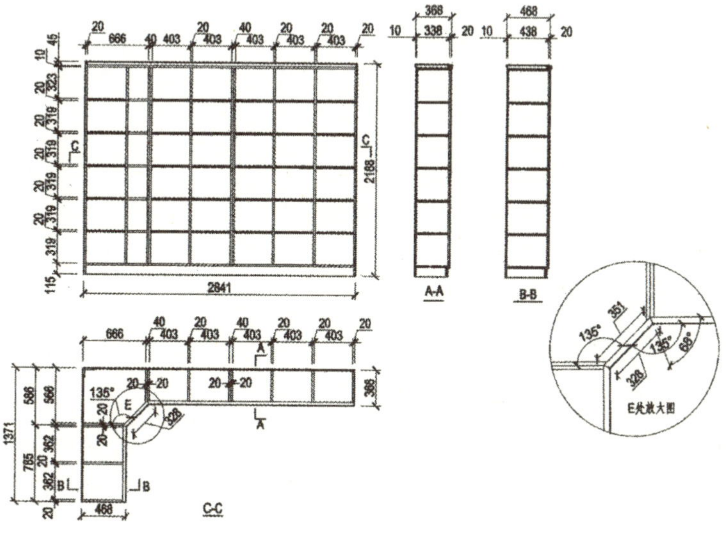

图3-66　L形书柜设计尺寸图（单位：mm）

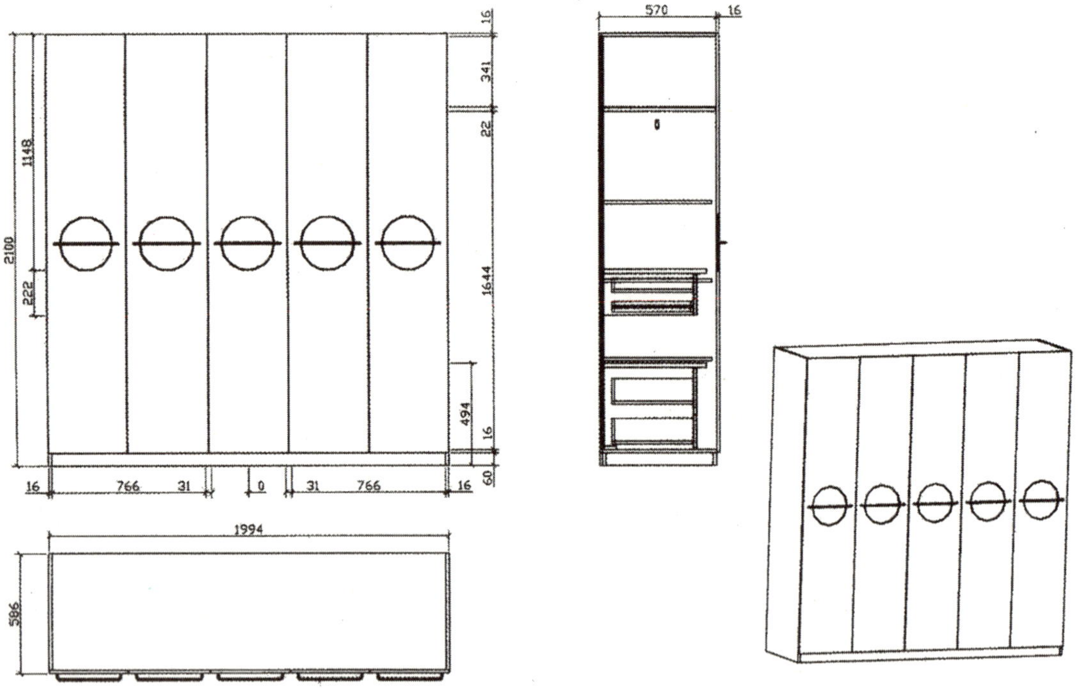

图 3-67　大衣柜设计尺寸图（单位：mm）

矮柜立面

矮柜侧面

矮柜平面

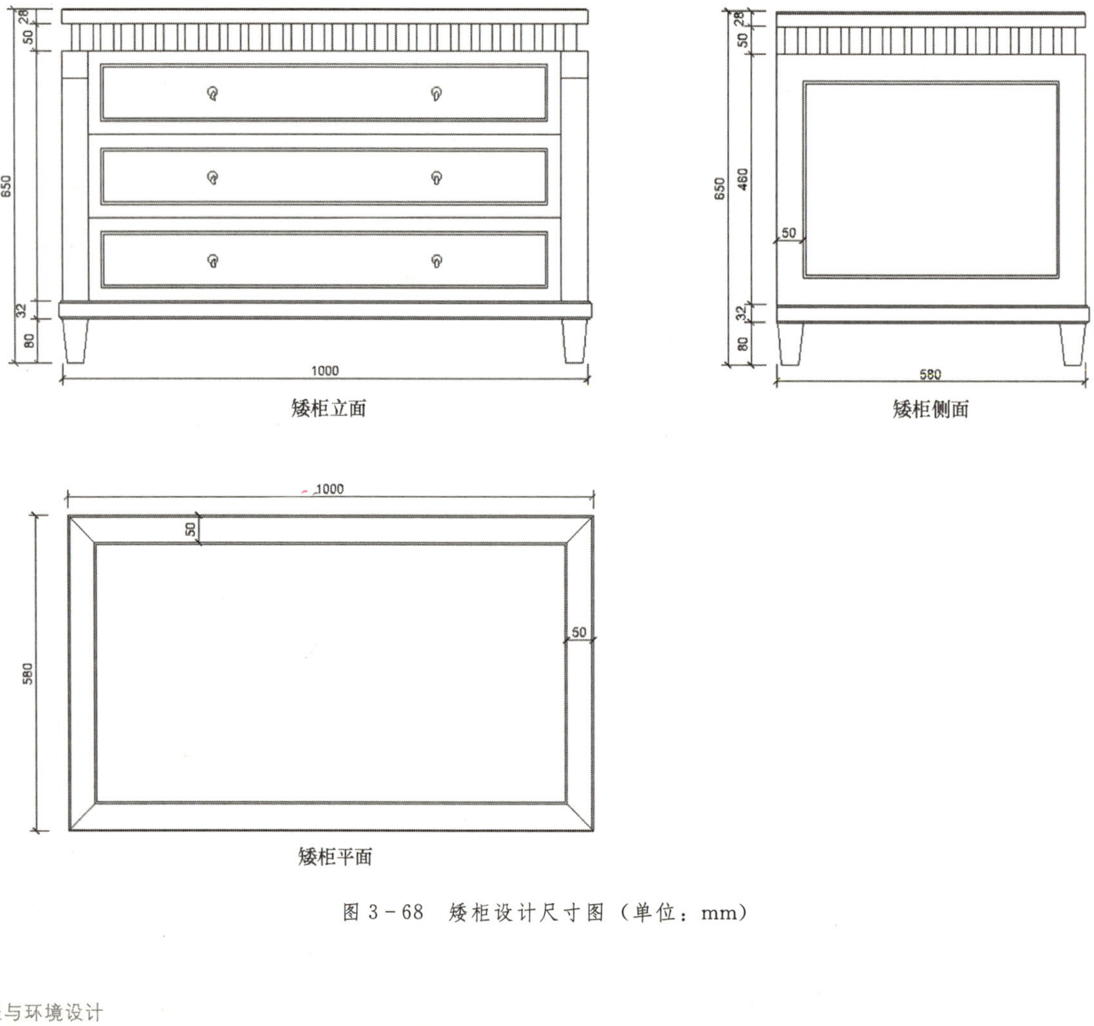

图 3-68　矮柜设计尺寸图（单位：mm）

3.6　古典家具

　　中国传统家具已有数千年的历史，它不仅是人类最常用的生活用品，而且还是具有丰富文化内涵的艺术性用具。早期的家具，在体现人体工程学方面不是很充分，他们更多的是表现一种气势、一种威严，尤其是宫廷家具，更充分展示了统治者的尊贵与权威，见图。一般座面很高，椅背与座面呈90°这样人坐在椅子上自然而然就会产生一种威严感。

　　在这节中重点讲的是明式家具。明式家具是中国传统家具的瑰宝，不仅造型简洁挺拔，更体现在一些细节上的人性关怀。其实我们在感叹他的高雅、俊朗的同时，也不由会发出惊叹，为什么坐在上面会那样舒服，尤其是靠背。的确，明式家具在很多方面揉进了人体工程学的意识，我们不得不佩服古代匠人和设计者的超前意识。

　　通过图3-69～图3-74，我们可以看到以下情况。

　　（1）明式家具在与人直接接触的部位都是圆滑过渡，如座面前缘、扶手、靠背等处。

　　（2）靠背的S形曲线正好与人体脊柱的形状相适应，尤其是在腰部的凸起，更是奇妙之处。

　　（3）扶手的设置恰到好处。

　　（4）所有结构不用钉和胶，安全、坚固、环保。

图3-69　明式家具的局部构件（一）

图3-70　明式家具的局部构件（二）

图3-71　明式家具椅背的S形曲线

图 3-72　明式的官帽椅

图 3-73　明式的圈椅

图 3-74　皇椅

作 业 及 思 考 题

1. 人体工程学在家具设计中的重要性。

2. 在现代家具设计中如何更好地利用人体工程学的

因素。

3. 设计一款家具，要求写出详细的设计说明（其中可利用手绘草图表示部分内容），包括尺寸、舒适度以及对这款家具所应该放置的环境进行描述和分析。

第4章　人与室内环境

人与环境的关系就如同鱼和水的关系一样，彼此相互依存，相互关联。人是环境的主角，在健康舒适的环境中，不论工作、生活和休息都会产生积极的影响。因此，人体工程学的任务之一就是要使人与环境协调，使人机环境系统达到一个理想的状态。

4.1　人的行为与环境

环境是一个复杂的综合体，人们的行为改变了环境中的一些事物，反过来人们的行为也深受外界环境因素的干扰。例如人们设计了简洁、明亮、高雅、有序的办公室内环境，相应地这种环境也能使在其中工作的人们有良好的心理感受，高效有序的完成每一项工作。在某种程度上讲，良好的办公环境就意味着潜在的财富和利润。

4.1.1　环境行为

1. 环境心理学

环境心理学是研究环境与人的行为之间相互关系的学科，它着重从心理学和行为的角度，探讨人与环境的最优化，它是一门新兴的综合性学科，与多门学科如医学、心理学、环境保护学、社会学、人体工程学、人类学、生态学以及城市规划学、建筑学、室内环境学等学科关系密切。

对室内设计来说，研究的基本点是如何组织空间，设计好界面、色彩和光照，处理好室内环境，使之符合人们的心理要求。

2. 环境行为的特征

（1）客观环境。在客观环境的作用下导致人类的各种行为，这种行为就是适应、改造和创造新环境的活动。

（2）自我需求。人类的自我需求是推进环境的改变和社会发展的动力，室内和家具设计活动就必须满足不断变化着的人对家居环境的需求。

（3）环境制约。环境因素也会制约人类的行为。往往不能完全满足人类的需求，因而行为就要受到一定程度的环境制约。

（4）综合作用。环境、行为和需求施加给人的往往是一种综合作用。人的行为受人的需求和环境的影响。

4.1.2　室内环境中人的行为

1. 人的行为习性

人在室内环境中，其心理与行为尽管有个体之间的差异，但从总体上分析仍然具有共性，可以作为我们进行设计的基础，以下就是一些常见的人的行为习性：

（1）领域性。人们在室内环境中所进行的各种活动，往往在心理上总是力求其活动不被外界干扰或妨碍。不同的活动有其必需的生理和心理范围，人们不希望轻易地被外来的人与物所打破，这就是人所表现出的领域性。

室内环境中个人空间常需从人际交流、接触时所需的距离等因素整体考虑。人际接触实际上根据不同的接触对象和在不同的场合，在距离上各有差异。根据人际关系的密切程度、行为特征等可以把人际距离分为：亲密距离、个人距离、社交距离、公共距离。

（2）私密性。如果说领域性侧重的是空间的范围感，那么私密性则更多地涉及在相应空间范围内的视线、声音等方面的隔绝要求。私密性在居住类室内空间中尤为重要。

日常生活中，只要我们稍加留心，就不难发现人们具有的私密性的倾向，比如进入集体宿舍，先进入宿舍的人，如果允许自己挑选床位，他们总愿意挑选在房间尽端的床铺，可能是由于生活、就寝时相对地较少受干扰。同样情况也见之于就餐人对餐厅中餐桌座位的挑选，相对地人们最不愿意选择近门处及人流频繁通过处的座位，餐厅中靠墙卡座的设置，由于在室内空间中形成更多的"尽端"私密区域，也就更符合散客就餐时寻求私密性的心理要求。

（3）安全感。在室内空间中活动的人们，从心理感受上讲，并不是越开阔、越宽广越好，人们更希望得到一种心理上的安全感。

例如在火车站和地铁车站的候车厅或站台上，人们并不较多地停留在最容易上车的地方，而是愿意待在柱子边，人群相对散落地汇集在厅内、站台上的柱子附近，适当地与人流通道保持距离。在柱边人们感到有了"依托"，更具安全感。

（4）从众性。当人们遇到紧急情况时，往往会盲目跟从人群中领头几个人疾跑的去向，不管其去向是否正确，以致成为整个人群的流向。上述情况就属于从众心理。同时，人们在室内空间中流动时，具有从暗处往较明亮处流动的趋向。

上述心理和现象提示设计者在创造公共场所室内环境时，要注意空间与照明等的导向，标志与文字引导的同时，还应对空间、照明、音响等需予以高度重视。

（5）抄近路心理。人们都有以最快的速度达到目的地的心理，所以，当我们看到很多人为了节省时间而横穿马路，穿越草坪时，在责怪他们的同时，是否也考虑一下在设计上的缺陷，是否符合人们的心理。尤其在社区规划时，不合理的设计会给人们带来很大的不便。

2. 人的行为内容

按行为的内容分类包括秩序模式、流动模式、分布模式和状态模式。

（1）秩序模式。秩序模式是利用图表来描述人的行为秩序。

（2）流动模式。流动模式是将人流行为的空间轨迹模式化。

（3）分布模式。通过摄像和计数等方法按时间顺序和一定的空间方格联系观察记录人在空间环境中的行为状态，绘制人流分布的时间和空间断面。

4.1.3 环境行为在室内设计中的应用

1. 室内环境设计应符合人们的行为模式和心理特征

例如现代大型商场的室内设计，顾客的购物行为已从单一的购物，发展为购物—游览—休闲—信息—服务等行为。这种行为方式的转变也使购物时要尽可能接近商品，亲手挑选比较，由此自选及开架布局的商场结合茶座、游乐、托儿等应运而生。

2. 认知环境和心理行为模式对组织室内空间的指导作用

人们更多的是通过视觉和心理来感受周围的环境，因此，设计者在确定了空间的使用功能、人体尺度等的设计依据，在组织空间时对其尺度范围和形状、选择其光照和色调等有了参考的依据。

3. 室内环境设计应考虑使用者的个性与环境的相互关系

环境心理学从总体上既肯定人们对外界环境的认知有相同或类似的反应，同时也十分重视作为使用者的人的个性对环境设计提出的要求，充分理解使用者的行为、个性，在塑造环境时予以充分尊重，但也可以适当地运用环境对人的行为的"引导"，对个性的影响，甚至一定程度上的"制约"，在设计中辩证地掌握合理的分寸。

4.2 室内热环境

人们在感到舒适温度的环境下从事各种活动时，工作和休闲的质量都会极大地提高。因此，室内热环境也是一项不容忽视的内容。

4.2.1 最舒适温度

1. 最舒适温度的定义

最舒适温度就是人在心理上感到满意的温度，既不感到冷也不感到热，与环境温度关系密切。在进行室内环境设计时，要根据使用目的合理的设计环境温度，最舒适温度有以下几种。

（1）心理最舒适温度（主观舒适温度）：心理上主观感觉最舒适的温度。

（2）生产效率最舒适温度（效率温度）：能获得最佳生产效率的温度。

（3）生理最舒适温度（健康温度）：从人体生理学和保健学考虑，对健康最有利的温度。

一般情况下，以主观舒适温度作为最舒适温度进行评价。最舒适温度与衣着、民族、地区有很大关系，但是，以上 3 种温度基本一致，静坐时主观舒适温度一般为 $21\pm3℃$。

2. 影响最舒适温度的主要因素

（1）环境因素。空气的干球温度、水蒸气压力，空气流速、热辐射等。

（2）年龄因素。一般的，老年人比年轻人怕冷，因为中老年人末梢血液循环功能变差，身体感觉舒适的气温也有所增高。

（3）生理因素。一般指人的新陈代谢、肥胖程度、汗腺功能等。

（4）劳动强度。劳动强度越大，代谢越强，发热量也就越多，人体感觉也就越热，因此感觉舒适的环境温度相对要低。

（5）性别因素。一般女性比男性感觉的舒适温度要高 $1\sim2℃$。

4.2.2　室内空调

随着全球气温的变暖，我国各地区夏季温度也不断升高，导致空调产业的迅速发展，空调在一些城市的热销甚至脱销。随着空调的迅速普及，空调病也在不断增加。空调病一般在夏天出现，其主要症状是进入有空调的房内就头痛，有不快感。特别是频繁出入这样的房间，

发病率更高。

因此，为了防止不舒适感和空调病，在设置冷气空调温度时，不要太低，与室外温度差 5℃ 左右为宜。同时最好使室内温度有一定的波动，或使气流产生 1m/s 的流动为佳，并应保持与室外新鲜空气对流，定时开窗通风。生活中最适合气温见表 4 - 1。

表 4 - 1　　生活中的最佳气温（干球温度）

序号	场所	最佳气温（℃）
1	休闲处	16～20
2	餐厅	16～20
3	卧室	12～14
4	散步	10～15
5	浴室厕所	18～20
6	劳动作业	见前所述

4.2.3　人体与室内热环境

人体与室内热环境是一个相互作用的过程，它对人的生理和心理都会产生极大的影响。在人与室内环境的热交换过程中，一般要经过以下三道防线。

第一道防线——皮肤，皮肤上的传导、辐射、蒸发等因人而异。

第二道防线——衣着，因面料、薄厚等的差异，热交换也不同。

第三道防线——房屋，与房屋结构的隔热和保温性能、供暖和通风设备的条件和性能密切相关。

第三道防线是室内设计师应该关注的问题，在房屋结构一定的情况下，以下几点就显得尤为重要。

（1）供暖。在我国北方每年的 11 月中下旬就开始供暖了，这时我们要注意的是，虽然室外白雪飘飘，但室内温度也不要太高，这样温差太大会导致感冒。此外在室内添加加湿器可以使干燥的空气湿润，对身体有利。

室内的湿度在 $40\%\sim70\%$ 之间较为正常。

（2）送冷。主要针对夏季室内的温度，尤其是空调，可参见上面的表格进行调节。

（3）通风。在生活中常用的通风与换气的方法有自然通风和机械通风。一般最好采用自然通风，不仅节省资源，也有利于健康。即使在冬季适当的自然通风，也会防止病毒传播，使室内空气流通，另一方面在夏季，也不要过分依赖空调，自然通风更有利于人体热交换，对健康有益。

4.3 室内光环境

人类离不开光，无论工作、生活、学习，光都是不可缺少的重要因素。同样人类所居住的室内空间也是一个由光组成的综合环境，它的合理与否直接影响着人们的情绪，工作效率和安全。

光线设计在室内装饰创意上具有"点睛"的效果。阳光是大自然馈赠给人类的最原始的光线，设计时要善于利用。而灯光的设置对室内的照明和气氛的烘托起到决定性的作用。不论是自然光还是人工照明，他们共同组成了室内的光环境。室内光环境主要包括采光、照明、色彩环境等。因此合理地采光、照明和色彩环境是人体工程学的重要研究课题，掌握采光、照明及色彩环境与人的关系，对于室内设计人员是非常重要的。

4.3.1 室内采光基本知识

室内采光包括天然采光和人工照明两个方面内容。

1. 天然采光

天然采光就是在室内空间中，通过不同形式的窗户以及建筑构件利用天然光线，使室内形成一个合理而舒适的光环境。窗户大小、玻璃颜色、反射和折射镜等不同构件的组合可产生丰富多彩的室内光环境。天然光对人的健康大有益处，对人的情绪和精神的感染也是巨大的，如图 4-1 所示。

2. 人工照明

人工照明就是在室内环境中利用各种人造光源，通过不同造型的灯具和合理的布置与搭配，造成令人愉悦和富有视觉效果的人工光环境。人工照明不光局限于满足照度的需要，而是向环境照明、艺术照明发展，以满足人对不同光环境的心理需要。它主要分为背景照明、工作照明和装饰照明，图 4-2 就是不同人工照明的光照形式。

图 4-1　天然采光形式

3. 照度

照度是照明设计的数量指标，定义为单位面积的光通量，即

$$E = \frac{\mathrm{d}\Phi_i}{\mathrm{d}A}$$

式中　Φ_i——光通量，lm；

　　　　A——面积，m^2；

　　　　E——照度，lx。

照度是设计室内光环境的重要指标。表 4-2 是从人体工程学角度考虑的各种工作面的照度建议值。

表 4-2　　　　　各种工作面的照度建议值　　　　单位：lx

作业内容	最佳照度
极精密作业	1500～3000
较精密作业	750～1500
普通事务	1000 左右
一般制造、家庭居室	300～750

4. 亮度

亮度是物体本身的明亮程度，单位是坎德拉每平方米（cd/m^2），为了保护眼睛，亮度要合理、均匀，忽明忽暗对人眼的刺激很大。不同材料对光的反射不同，亮度也不相同。室内各部反射率建议见表 4-3。

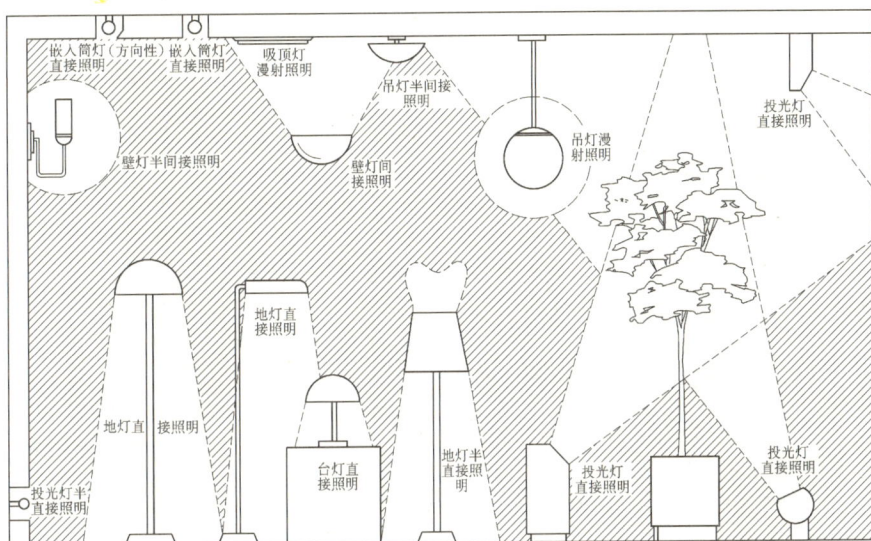

图 4-2　不同灯具所产生的光照形式

图 4-3　光使立面更富立体感

图 4-4　台灯的局部照明温馨柔和

表 4-3　　　室内各部反射率的建议值　　　　　%

部位	反射率值
房顶	80～90
墙壁、窗帘（平均）	50～60
机器设备及家具表面	25～45
地面	20～40

5. 色温

光源的固有颜色。人类对自然光和火焰光的适应性最好。

6. 显色性

光源所表现的物体色的性质。在显色性的比较中，一般以日光或接近日光的人工光源为标准光源。

4.3.2　室内光觉质量

光是人生命中必不可少的，装饰一个空间，除了考虑家具的布置外，还要善于运用灯光，光使空间舒适、有个性，正确利用光与影、光与色彩的关系，就可以使整个空间充满各不相同的气氛而独具特色见图 4-3～图 4-7。因此，室内的光觉质量是光环境设计的重点，要重点注意以下几方面的内容。

1. 防止眩光

眩光产生的原因是过强的光直接照射到眼睛中。为了防止室内眩光可采取以下措施。

（1）光源的位置不要和人眼在同一水平线上。

（2）光源不要太亮。

（3）改变光投射的方向，如加灯罩等。

（4）可采用柔和材质的灯具。

（5）光源与背景的明暗对比不要太强烈。

2. 处理好室内面积和窗户大小的关系

在一般情况下，不论是工作、学习还是休息，要尽量考虑利用自然光。自然光是自然界中最丰富的资源，也是最健康、最环保、最节能的方式之一。它除了与天空质量的好坏有关系，在很大程度上也是由窗户的形式决定的。

（1）窗户的造型和大小。不同窗形有不同的作用，给人以不同的感受。

1）落地窗可取得同室外环境紧密联系感，使室内外更好的融合在一起。

2）高窗台可以减少眩光，取得良好的安定感和私密性。

3）透过天窗可以看到天光的云影，季节的变化，使人有置身于大自然的感觉。

4）各种漏窗、花格窗所产生的光影交织，似透非透，虚实相间，使自然光投射到墙上，而产生变化多端、生动活泼的景色。

（2）玻璃的材质。此外，玻璃材质的不同也是影响采光的一个重要因素。

1）无色的白玻璃，通透明了，给人以真实感。

2）磨砂玻璃隐隐若若，使人产生朦胧感。

3）玻璃砖厚重冷峻，给人以安定感。

4）彩色玻璃多姿多彩，给人产生变幻神秘感。

5）各种折射、反射的镜面玻璃又会给人们带来丰富多彩的感觉。

图4-8是不同窗形和玻璃对光产生的不同效果。

图4-5　装饰性的壁灯更突出了墙面凹凸的质感，并营造出一种神秘气氛

图4-6　桌面上整体排列的小灯，营造出一种别样的氛围，特别适合那些忧郁、失落的人们在此消磨时光

图 4-7 落地灯向下投射的光正好
照在沙发上，使坐在沙发
上看书的人更舒适

图 4-8　窗与光影

图 4-9　打上灯光的效果

图 4-10　自然光下的效果

表 4-4　　　　光色对原有色的影响

光色 原有色	红光	黄光	绿光	青光
黑	黑紫	咖啡	墨绿	青黑
白	红	黄	绿	青
红	鲜红	朱红	茶褐	紫
橙黄	朱红	深铬黄	黄	紫
绿	红灰、黑红	茶褐色	鲜绿	青绿
青	青莲	浅灰	群青	鲜青
蓝	紫	蓝绿	深绿	淡青蓝
黄	橙黄	淡黄	黄绿	绿
青莲	紫红	紫红	茶带青	淡青莲（偏冷）

3. 合理设置灯光的颜色

色彩的三原色，分为光源的三原色和物色的三原色。两种色混合后所显示的色性则有所不同。光色的混合是叠加性的。与自然光相比，人工设置的照明因颜色的不同而产生各种不同的效果，如图 4-9 和图 4-10 所示。表 4-4 是光色对原有色的影响。

4.3.3　室内色彩环境

1. 色彩的感觉

生活永远离不开色彩。色彩与我们形影不离，无处不在。色彩对人的视觉和心理产生很大的影响。在室内色彩环境设计时一定要考虑人的视觉特性，可参见第 3 章，以及考虑人对色彩所产生的不同心理效应。人对色彩的知觉与审美的过程，因人而异，受到自身性别、年龄、职业、地区、修养等复杂因素的影响。人们看到某种色彩时，便会不由自主地联想到生活阅历中与此相关的色彩感觉，从而引起心理上的共鸣。

从古至今，人类总是赋予颜色一些特定的力量。它能使人兴奋，也能让人颓丧，一个特定的色度总能引起一些特定的联想。

（1）温度感。色彩的温度感是色性引起的条件反射。红、黄、橙色使人联想到太阳、火，给人温暖感，它们属于暖色系；蓝色、紫色和蓝绿色使人联想到海水、冰雪，给人寒冷感，它们属于冷色系。室内设计时，可利用色彩的这种温度感来调节室内环境气氛。

$$\xrightarrow{\text{黄、橙、赤、绿、蓝绿、紫、蓝}} \text{逐渐变冷}$$

（2）距离感。即使实际距离一样，不同的色彩给人的感觉距离也不同。一般暖色、亮色、纯色有近距离感，冷色、暗色、灰色有远距离感。色彩的这一心理效应可用来调节室内空间的尺度感和层次感。

$$\xrightarrow{\text{黄、橙、赤、黄绿、绿、紫、蓝}} \text{逐渐变远}$$

（3）轻重感。色彩具有轻重感，通常情况下，明度高的会感觉轻，中明度的次之，明度低的感觉重。室内设计中，天花宜采用轻感色，底部应比顶部显得重，给人稳重和安定感。

$$\xrightarrow{\text{黑、蓝、红、橙、绿、黄、白}} \text{逐渐变轻}$$

（4）醒目感。色彩不同，引起人的注意程度不同。

光色的诱目性顺序为：红＞蓝＞黄＞绿＞白；物体色的诱目性是红色＞橙色及黄色。建筑色彩的诱目性还取决于它与背景色彩的关系。在黑色或中灰色背景中，诱目性为黄＞橙＞红＞绿＞蓝，而在白色背景下则是：蓝＞绿＞红＞橙＞黄。表4－5是色彩的可读性顺序，供参考。

表4－5   色 彩 的 可 读 性 顺 序

序号	1	2	3	4	5	6	7	8	9	10	11	12
底色	黄	白	白	白	青	白	黑	红	绿	黑	黄	红
图色	黑	绿	红	青	白	黑	黄	白	白	白	红	绿

（5）动静感。色感有使人兴奋和沉静的作用。红色最有动感，最能使人激动，一般红、橙、黄、紫红为兴奋色；蓝、蓝绿、紫蓝为沉静色；黄绿、绿和紫色为中性色。一般住宅、医院、图书馆、休息场所多用柔和色，而商业展示、展厅中恰好相反。

2. 室内色彩设计举例

（1）相近色搭配。相近颜色的色彩组合总能产生平静安宁的效果。图4－11就是一个很好的例子。

1）蓝绿色和蓝色搭配——尽显蓝绿色的清灵自然之光，真实，永恒，明澈清晰，营造知性的宁静氛围。

2）红色和橙色搭配——焕发强烈的光彩，激发内在的能量。

3）灰棕色和咖啡色——一组亲和力良好的中性色的组合，能达到舒适轻松的效果。

很多颜色的深色系都有着安宁平静的品质，如蓝色、绿色、紫色、褐色和灰色，它们往往在安宁平静的环境中起支配性的作用；再加上少量的明亮色彩，则能带给人一份额外的情感体验，如象征着勇气、鼓舞和激励的红色，展示纯洁和天真的粉色，代表友谊的紫罗兰色以及昭示永恒的金色。

（2）互补色搭配。用色彩清晰地界定室内各个独立的功能区域，使空间的每一个部分都具有自己独立的色调，再运用白、灰棕等中性色的融合过渡，从而创造一个理想完美的生活空间。

不同于相近色，互补色往往能产生显著的界定空间的效果，如果再配合不同深浅度的运用，整个空间不同功能区域的强烈对照就能立影浮现了。互补色的搭配可以激发我们运动的渴望，相近色的搭配则有助于舒缓外界带来的压力。图4－12为互补色搭配的一个案例。

图4－11　相近色搭配案例

蓝色的整体氛围令人耽于冥想，这间房的格调有着东方特有的含蓄，白色的落地灯，东方神韵的灯罩，回忆着淡淡的往事

图 4-12 互补色搭配案例

（3）色彩的功能性。室内的色彩环境不仅可以影响人的心理和情绪，而且还具有某种功能性，这种功能可以使人们迅速而快捷的识别或者记忆。比如我们在地下车库通过颜色的区分，人们可以很顺利地找到自己停车的区域。所以在室内空间中色彩导视的作用也是不可忽视的。

导视系统人性化会给使用者带来很多的便利，减少了很多不必要的迂回时间。

（4）其他案例欣赏。

案例一～案例六分别见图 4-13～图 4-18。

图 4-13　案例一
红色的墙面使白色的餐桌椅和小巧的白色吊灯显得尤为突出

图 4-14　案例二
白色和红色的均衡搭配，在深蓝色的背景下显出一种特有的幽雅宁静的气质

图 4-15　案例三
　　几乎绝对的对称，也是一种美丽，米色的背景墙和深棕色的家具，体现的是绝对的稳重、深沉和儒雅

图 4-16　案例四
　　蓝色的墙面把纯白色的家具突出的更加强眼，纯色和纯色的搭配给人纯洁、干净甚至有些神圣的感觉

图 4-17　案例五
　　同色系和平行式的布局，给人以绅士般的印象

(a)

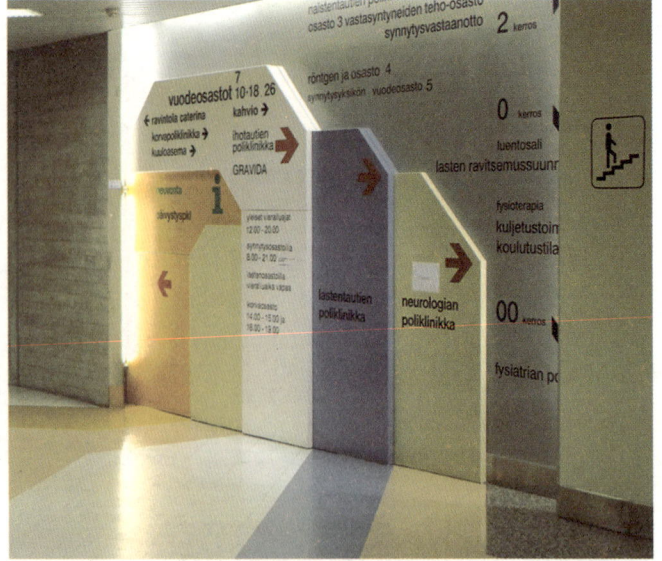

(b)

(c)

(d)

(e)

(f)

图 4-18　案例六

　　这是芬兰某个城市的中心医院。无意的一次到访，却对这个医院记忆犹新。清晰的色彩导视，很方便的带你到达各个不同的就诊区域。明快的颜色也打破了传统医院中白色所带来的冰冷感和恐惧感，反而给前来就诊的病人以温馨和愉悦。

4.3.4 室内光环境设计要点

在光环境设计时应注意以下几点，以保证物体的色彩常性：

(1) 避免强烈的影子或高光。

(2) 要有足够的照度。

(3) 光源显色性要好。

(4) 尽可能减少眩光。

(5) 在照明较差的表面上，应采用高彩度和高明度的颜色。

(6) 光源位置应能清楚地被察觉。

(7) 减小有光泽的面积。

(8) 白色表面应分散在视野的周围。

(9) 物体表面质地应能看出。

(10) 要有层次感。

4.4 室内声环境

同室外的自由空间相比，声音在室内环境中就显得更加微妙。在室内空间中，声音不像室外那样，它的传递受到多种物体的限制如天花、地面、墙面、家具等，在空间中不断被反射、折射、透射、衍射、吸收，发生着各种各样的变化。作为建筑室内设计师，应当掌握室内声学的相关知识，对于室内隔声与吸声设计以及室内音响效果设计有重要的意义尤其在大堂，会议厅等场所的设计中，声环境尤为重要，如图 4 - 19 所示。下面介绍室内声学的几点基本知识。

图 4 - 19 三幅图为礼堂和会议厅的设计，其中材料的选择、造型的处理都会对音质效果产生很大的影响

4.4.1 声环境基本知识

1. 回音

由声源直接传入耳朵的声音和由于墙体等反射后传入耳朵的声音在时间上会产生差异，这时可能就会出现回音现象。但是如果这种时差在 1/20s 内，人应感觉不到回音现象，这是由于听觉系统的生理效应。

2. 混响

声源切断后，声音在室内还能保留一段时间，这种现象叫混响。音乐厅等具有一定的混响时间能增加音乐效果，但混响时间必须合适，否则会产生负的效果。室内最佳混响时间与用途、室内空间大小声音频率有关。

3. 噪音

噪音是由各种频率、各种强度的声音组合而成的。它是频率和振幅杂乱、断续、无规则的声音震荡，是一切干扰人的工作、学习和休息，引起的烦躁的声音，它具有声音的一切物理性质。如气钉枪、电锯属于高频声音，听起来刺耳，内燃机、小汽车等的低频率声音，听起来沉闷。

噪音对人的工作和身体有很大的影响比如影响注意力、降低工作效率、易出差错、加速人的疲劳、影响人们的交流；造成听力下降甚至耳聋；引起神经衰弱、消化系统紊乱、烦恼、急躁等。尽管噪音的危害颇多，但也有有益的一面，如背景音乐，对于单调工作有一定的益处等。

4.4.2 室内声环境设计

1. 噪声控制

（1）形成噪音的三要素：声源、传播途径、接受者。

（2）噪音控制的途径。控制声源：改进生产工艺和操作方法，设备连接处设计合理；控制噪声传播：总体布局设计合理，采用消声、隔音、吸声、阻尼等局部措施；接受者：注意个人防护。

（3）家庭噪音。家庭噪音主要包括：电视机 60～80dB，洗衣机 42～50dB，电冰箱 34～50dB 等。降低的办法：购买质量好的家电设备；家电不宜放在卧室；多养些植物花草等。

2. 音质设计

（1）明确声音传播范围。首先要根据人在室内环境中的行为要求确定室内空间的大小，再根据视觉、听觉等要求调整室内空间形态。不能满足声学要求时，要配以扩声系统。一般均采用几何声学作图法，判断此空间形态是否存在回声、颤动回声、声聚焦、声影区等音质缺陷，对可能产生缺陷的界面再作几何调整或采用吸声、扩散等方法加以处理。

（2）避免回音。为防止回音现象发生，尤其在音乐厅、大会议厅等，室内装修设计时，可采取以下措施。

1）增加室内吸音效果，使用适宜墙壁和顶棚等处的吸音材料，使声音能得以充分吸收。

2）使墙壁等室内结构形状设计合理，利用抛物面等特殊造型使声能反射后集中于某一处。应避免大规模的长方形平面和对称平行。

3）在声源和受音点之间，所有声音的路线差要控制在 17m 以下。

（3）选择合适的混响时间。根据房间的用途和容积，选择合适的混响时间及其频率特性，对有特殊要求的房间采取可变混响的方式。

（4）吸声材料的选择。结合室内视觉要求，从有利声扩散和避免音质缺陷等因素综合考虑。听觉与听觉环境的交互作用，只是室内设计的一个问题，故室内音质设计还须同其他知觉要求结合起来，综合处理（见图 4-20）。吸音材料的种类和性能如下。

1）多孔型吸音材。

> 多孔型吸音材＋壁→适合高频吸声
> 多孔型吸音材＋空气层＋壁→适合中高频声

2）薄板（膜）振动型吸音材。

　　·薄板＋空气层＋壁→适合中低频吸音

3）共鸣板造型吸音。

$\begin{cases}·开孔板＋空气层＋壁\\·网板＋空气层＋壁\\·墙内共鸣器\end{cases}$→适合中低频吸音

4）以上3种综合型吸音材。

$\begin{cases}·开孔板＋多孔型吸音材＋空气层＋壁\\·膜＋多孔型吸声材＋空气层＋壁\end{cases}$→适合中频吸音

4.5　室内空气环境

　　自然材料是最环保和健康的，对室内的空气环境影响也比较小，如图4-21所示的一些自然材料；然而最近几年，随着人们对室内装修效果的提高，各种新型材料粉墨登场，也使室内空气环境污染有了明显的提高。它导致室内环境功能和品质的下降，不仅影响人们的生活、休息、甚至还危及到人的身心健康。因此，加强室内环境检测、减少室内的气体污染，也是人体工程学研究的主要内容。

　　此外，在室内中放置鲜花植物也是很好的缓解空气污染的途径之一，又有一定的美化作用，如图4-22、图4-23所示。

　　书后附录中列举了几种室内空气有害物质含量的检测标准，供设计时参考。

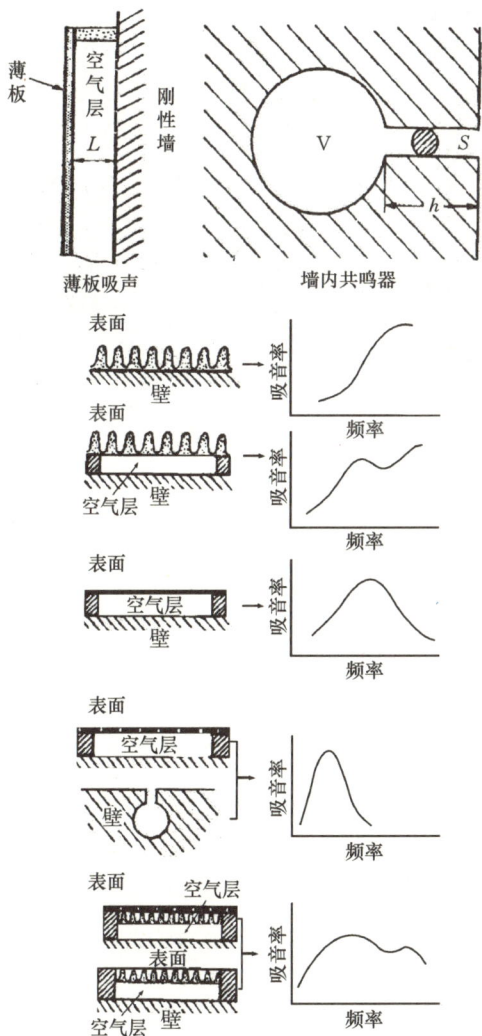

图4-20　吸音材料的种类和性能图解

图4-21　自然材料

图 4 - 22　植物可以净化室内空气，
　　　　　又可美化环境

图 4 - 23　居室内的植物

作 业 及 思 考 题

1. 从人和环境的角度，对人们的生活形态进行归纳并作简要的分析，可用图解的形式表示。

2. 简述视觉环境在室内设计中的重要性。

第5章 人体工程学与室内设计

5.1 人体工程学在室内设计中的意义

人体工程学是一门新兴的学科，尤其在中国，对人体工程学的研究还不是很成熟，但随着人们对自身健康和环境质量的关注，人体工程学越来越受到各个行业的重视。在现今正蓬勃发展的室内设计行业，对人体工程学的应用也有了更进一步的扩大和提高，它对室内设计起到了很好的指导作用。

5.1.1 为确定人们在室内活动所需空间提供主要依据

根据人体工程学中的有关人体测量数据，从人的尺度、行为空间、心理空间以及人际交往空间等，确定各种不同的功能空间的划分和尺寸，使空间更有利于人们的活动。

5.1.2 为确定家具、设施的尺度及其使用范围提供主要依据

家具是室内空间的主体，也是与人接触最密切的，因此它们的形状、尺度必须以人体尺度为主要依据；同时，人们为了使用这些家具和设施，其周围必须留有活动和使用的最小余地，这些要求都可以从人体工程科学的角度给予合理的解决。

5.1.3 提供适应人体的室内环境的最佳参数

室内环境主要有室内热环境、声环境、光环境、色彩环境等，在室内设计中依据人体工程学所提供的最佳

参数，能够方便快捷的作出正确的决策。

5.1.4 为室内视觉环境设计提供科学依据

人眼的视力、视野、光觉、色觉是视觉的要素，人体工程学通过计测得到的数据，对室内光照设计、室内色彩设计、视觉最佳区域等提供了科学的依据。

5.1.5 提倡"以人为本"的人性化设计

在设计中不论是整体规划还是细节设计，都是以人们使用的方便和舒适程度为基本出发点，使人们的生活、工作、娱乐等活动更加高效、安全、舒适、和谐。

5.2 室内空间与基本尺寸

5.2.1 室内空间分类

室内空间是人们从事工作、生活、娱乐等的重要活动场所，它必须能从生理、心理等诸方面满足人们的各种需求，当人们的心理空间要求受到限制时，就会产生不愉快的消极反应，同时低劣的工作环境也会降低人们的工作效率，不考虑人与人之间的联系与工作者的社会要求，同样也会影响作业者的效率、安全、舒适等。

根据人们对室内空间的不同需要可分为以下几种。

（1）行为空间。满足人们行为活动所需要的空间，如通道、出入口等。

（2）生理空间。在生理上满足人们需要的空间，如

视觉上的空间要求等。

（3）心理空间。在心理上满足人们需要的空间，包括亲密距离、个人距离、社交距离和公共距离，如室内功能区域的划分等。

5.2.2　空间尺度

从人体工程学的角度来看，一个理想的作业空间设计，就是能最大程度地减少作业者的不便和不适，使作业者能方便、快捷、高效地完成各种作业。因此，设计要以"人"为中心，以人在空间中作业的身体尺度为主要依据。图5-1～图5-4分别是人体坐姿抓握空间尺度、收纳空间尺度、手臂水平作业空间尺度、站立时上肢活动空间尺度。

空间尺度是进行室内设计的重要尺寸依据，各种不同的功能空间，其空间尺度也有不同。下面列举起居室、卧室、厨房、卫生间、餐厅、视听空间、餐饮空间等的空间尺寸，以供参考，见图5-5～图5-15。

5.2.3　生理和心理空间

在人的感觉器官中，视觉器官对空间的大小、方向、形状、深度、质地、冷暖、立体感和封闭感等因素，反应最敏感，也是人们对室内空间作出基本判断的重要依据，因此合理地利用人对空间的视觉特征，是室内设计成功与否的关键。

1. 空间尺度

空间尺度包括空间的实际大小和视觉空间大小。前者不受环境因素影响，只受几何尺寸的影响。而视觉空间大小则受环境因素影响，比如同样大小的空间，人多则显得小，反之则大；白色显得大，深色显得小等。

利用人的视觉特性，通过以下方法可以扩大室内空间。

（1）形成大与小的对比。采用较为矮小的家具、设备和装饰构件可衬托出较大的空间。例如，日本的家居空间往往因为日式家具的相对矮小，而使空间显得很开阔；现今正流行的30～60m² 的小户型，在设计时如果所选用的家具和使用品都相对较小，其最终的效果可能会让人惊讶：原来小户型也并不都显得小。

（2）局部划大为小。室内面积小时，可以选用小尺寸的地板材铺设地面，可以衬托出较大的空间感觉。

（3）界面延伸的处理。将顶棚和墙壁交界处设计成圆弧形，平滑地延伸到墙面，通过对边界的模糊处理可以扩大知觉空间，这一点也在很多设计中看到。

（4）色彩调节。根据人眼对色彩的敏感度以及人在心理上对色彩产生的不同感受，也能达到扩大空间的效果，例如白色的墙面和天花，配以浅色的地板、家具等，会使空间显得比实际要大。

2. 空间形状

（1）结构空间。把结构作为设计的对象，进行艺术处理，可以显示空间的特殊效果。

（2）封闭空间。虚界面少，每个空间都是实墙分割，有较好的私密性和神秘感。

（3）开敞空间。虚界面多，通透、半通透的分割在视觉上给人很强的开放感。

（4）共享空间。公共场所，交往空间。

（5）流动空间。通过电动扶梯和变化的灯光效果，给人有流动空间的感觉。

（6）迷幻空间。通过特殊的造型设计和装饰，产生空间的神秘感。

（7）子母空间。大空间中设计小空间，能够丰富空间层次。

各种不同的空间形式所产生的不同效果，给人心理上的感受是大不相同的，对于设计师来说，对空间形状的细致把握也是非常重要的，图5-16～图5-22列举了几种不同的空间形式。

3. 空间开敞程度

视觉空间的开放程度与空间墙面的洞口大小有关（包括门窗、洞口位置、大小和方向等）。长期在封闭性很强的室内生活或工作，人会感到很压抑。相反，如果长期在开放性很强的室内生活或工作，很少具有私密性，过多受人干扰，也会产生不良的心里感觉。因此，室内空间设计要根据不同的用途，确定合理的空间开敞度。

影响室内空间开敞度的因素主要有以下3个方面。

（1）建筑实墙和门窗洞口的数量。实的界面越多封闭感越强，虚的界面越多，开放感越强。窗户和洞口等属于虚界面，墙和顶棚属于实界面。

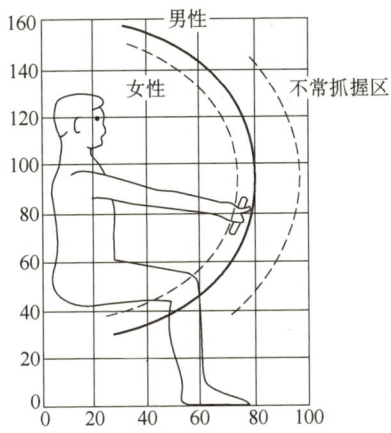

图 5-1　人体坐姿抓握空间尺度（单位：cm）

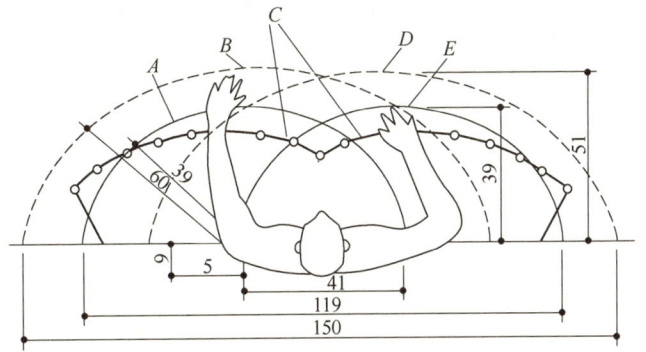

图 5-3　手臂水平作业空间尺度（单位：cm）
A—左手通常作业域；B—左手最大作业域；
C—双手联合通常作业域；D—右手最大作业域
E—右手通常作业域

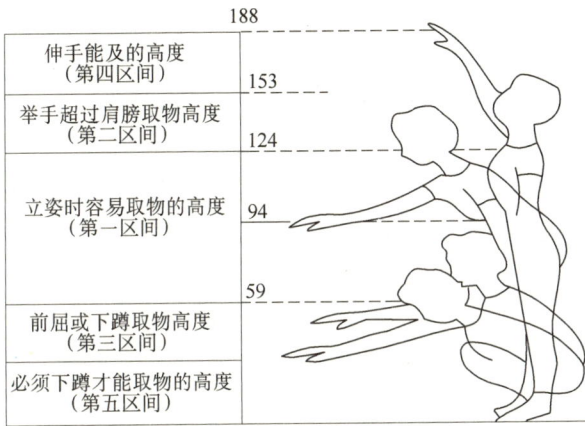

伸手能及的高度 （第四区间）	188
举手超过肩膀取物高度 （第二区间）	153
立姿时容易取物的高度 （第一区间）	124
	94
前屈或下蹲取物高度 （第三区间）	59
必须下蹲才能取物的高度 （第五区间）	

图 5-2　收纳空间尺度（单位：cm）

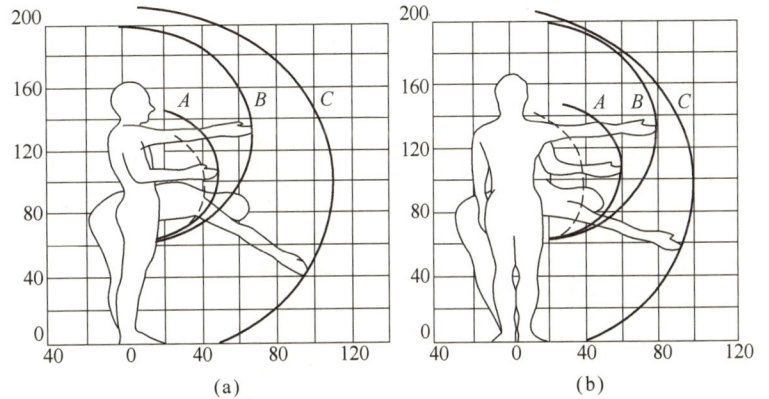

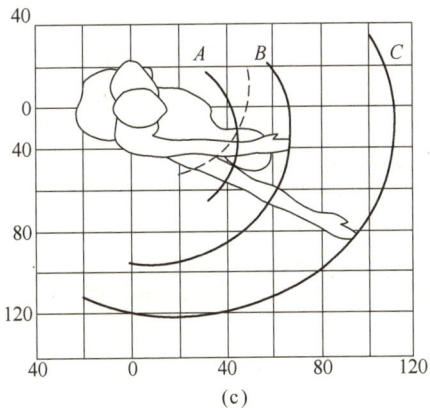

图 5-4　站立时上肢活动空间尺度（单位：cm）
（a）向前伸臂上下活动空间尺度；（b）侧向伸臂上下
活动空间尺度；（c）上肢水平转动 90°能及空间范围

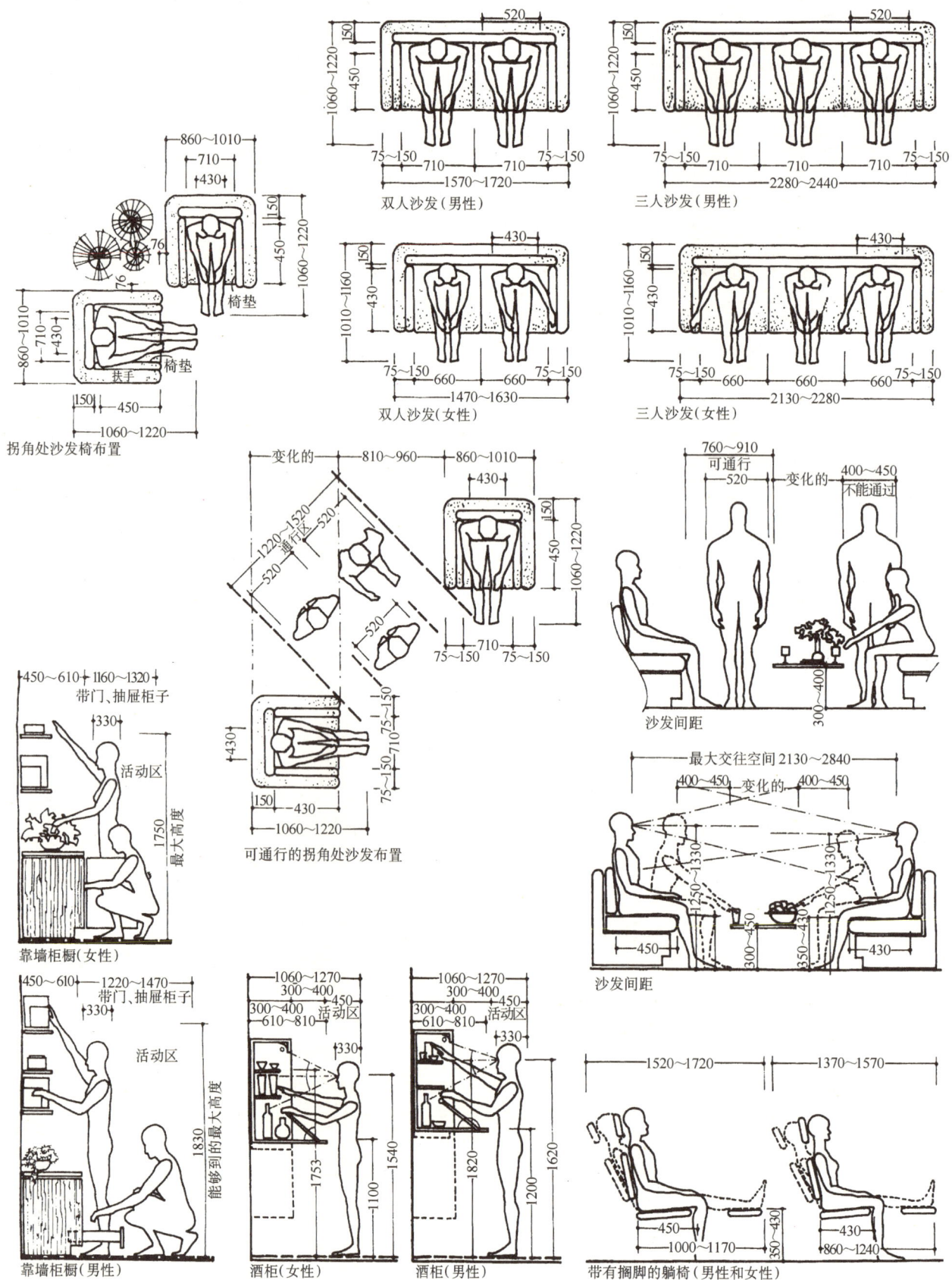

双人沙发(男性)

三人沙发(男性)

双人沙发(女性)

三人沙发(女性)

拐角处沙发椅布置

可通行的拐角处沙发布置

沙发间距

沙发间距

靠墙柜橱(女性)

靠墙柜橱(男性)

酒柜(女性)

酒柜(男性)

带有搁脚的躺椅(男性和女性)

图 5-5 起居室常用人体尺寸（单位：mm）

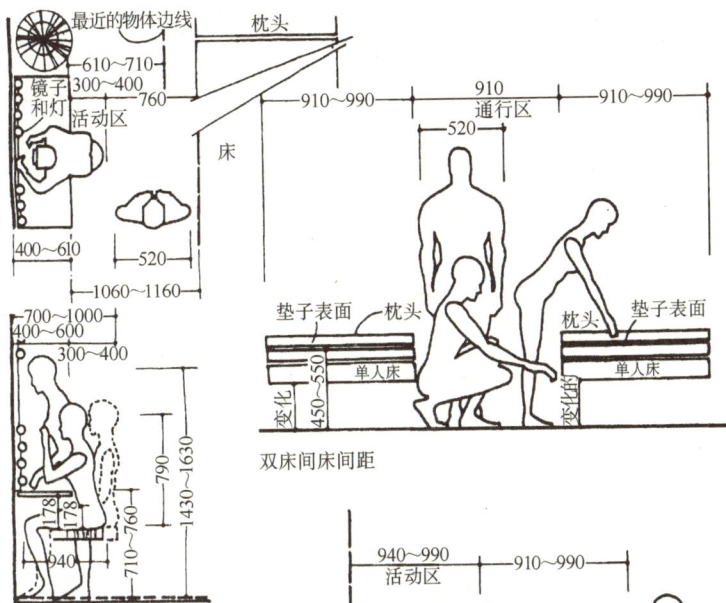

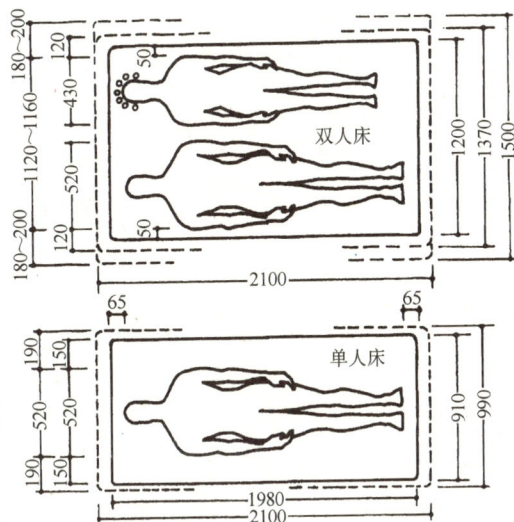

双人床

单人床

单人床和双人床

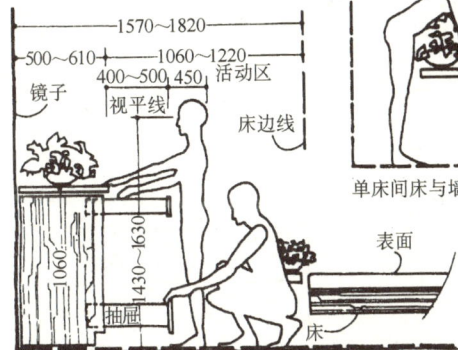

梳妆台

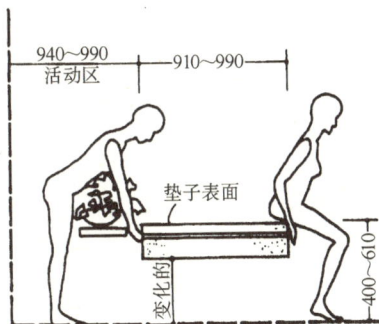

双床间床间距

单床间床与墙的间距

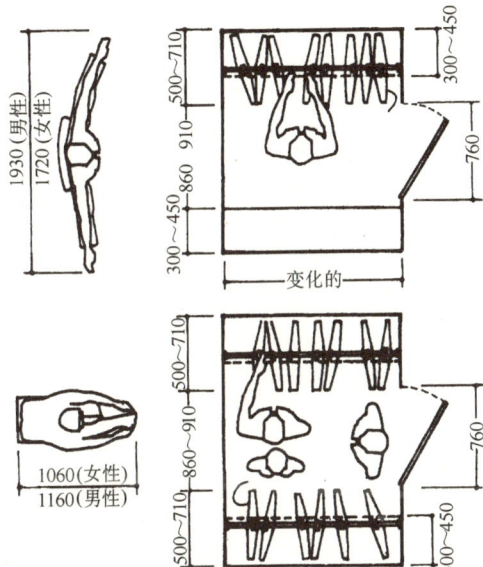

变化的

小型存衣间

小衣柜与床的间距

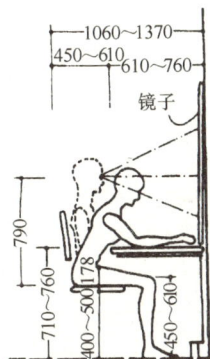

书桌与梳妆台

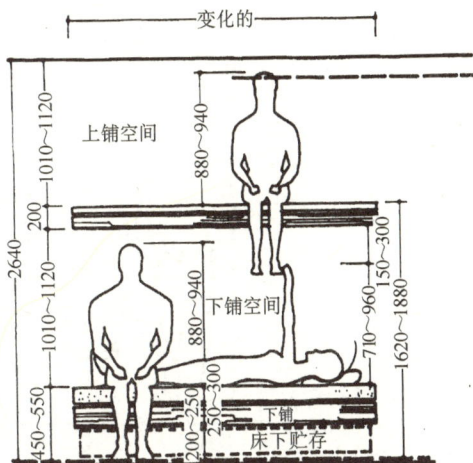

上铺空间

下铺空间

下铺

床下贮存

成人用双层床

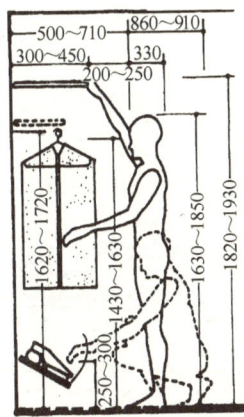

男性使用的壁橱

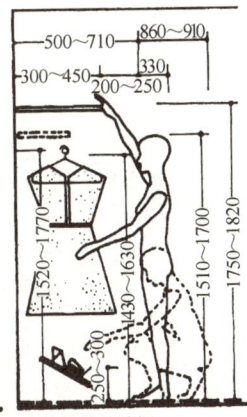

女性使用的壁橱

图 5-6 卧室常用人体尺寸（单位：mm）

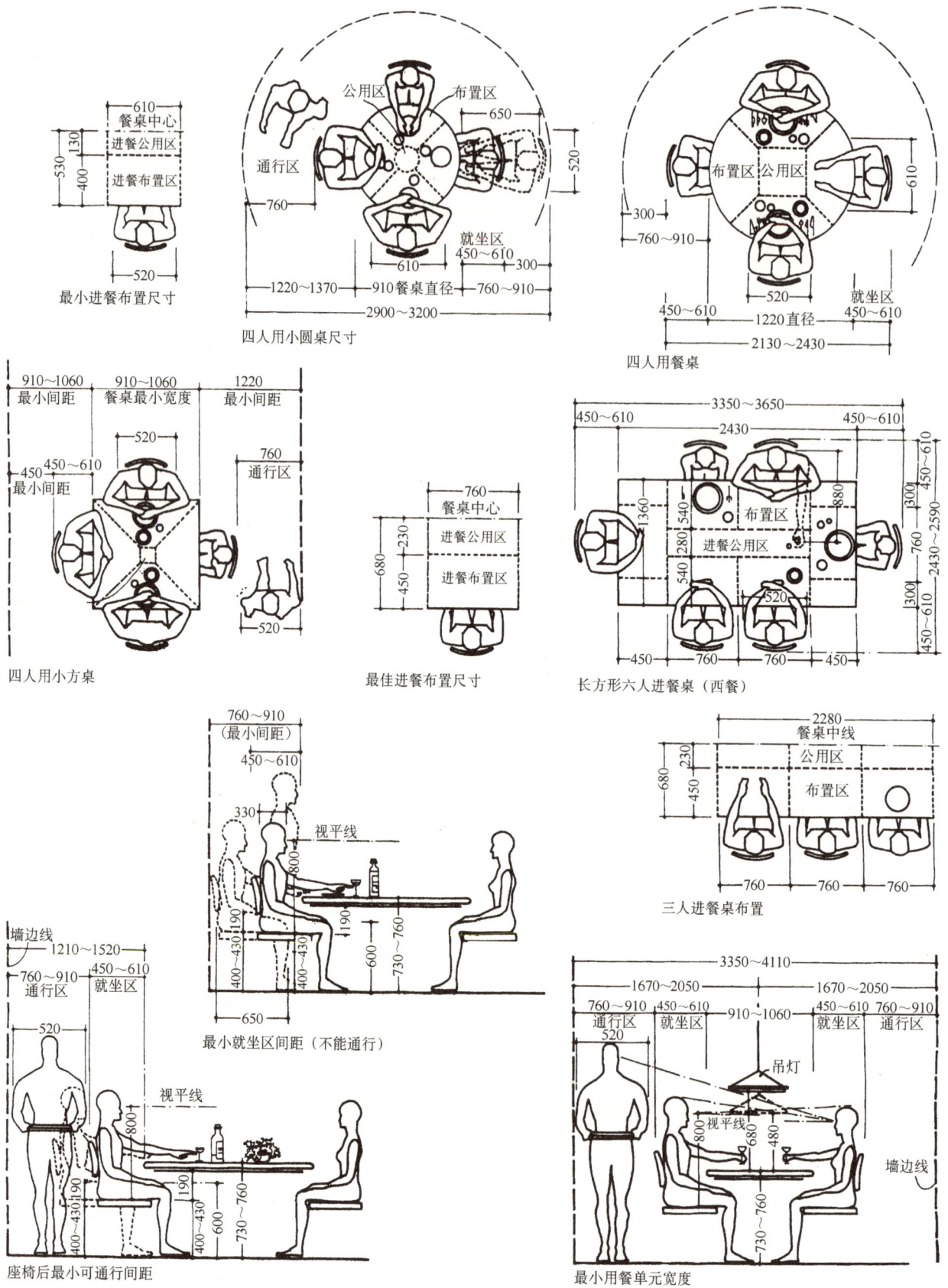

图 5-7 餐厅常用人体尺寸（单位：mm）

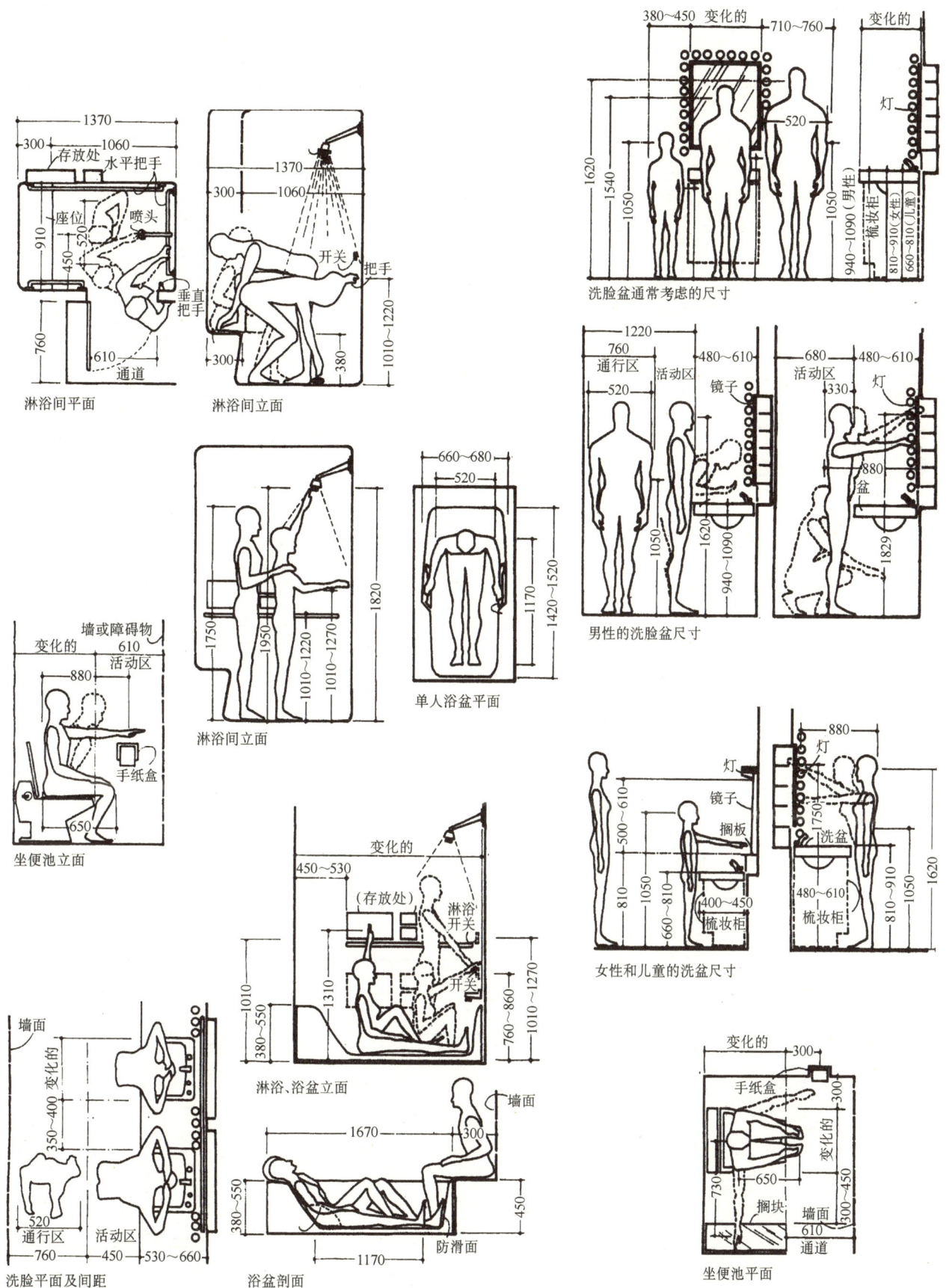

图 5-8 卫生间常用人体尺寸（单位：mm）

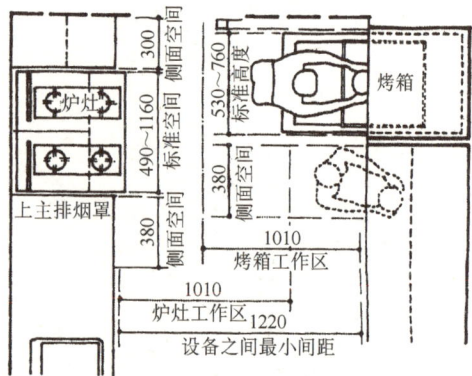

设备之间最小间距

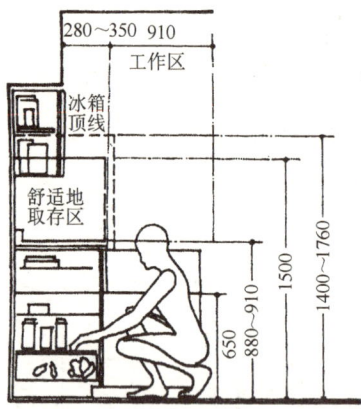

冰箱布置平面

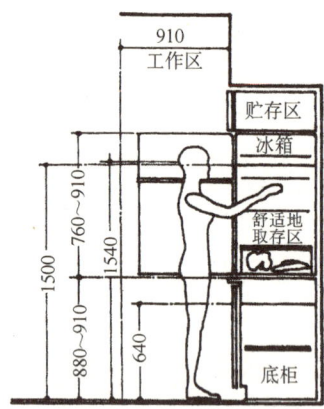

冰箱布置立面

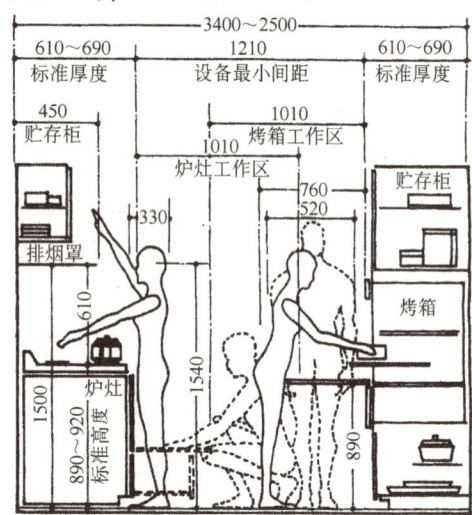

炉灶布置立面

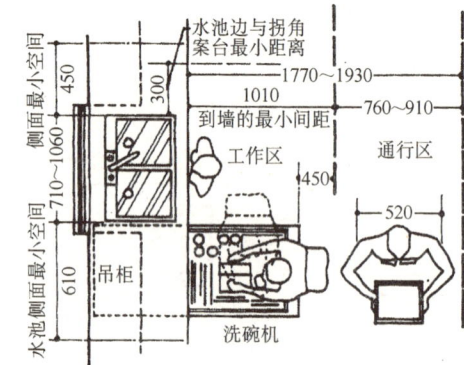

水池布置尺寸

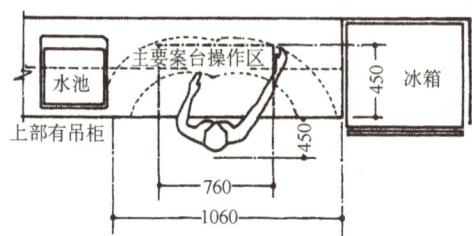

调制备餐布置

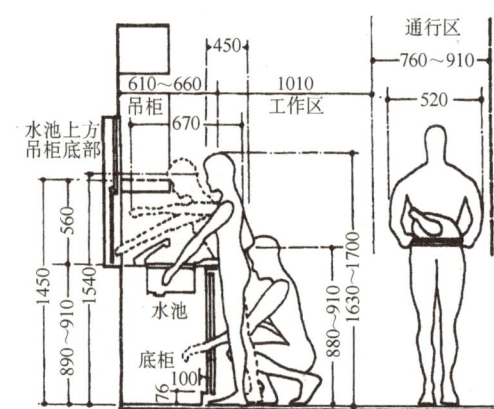

水池布置

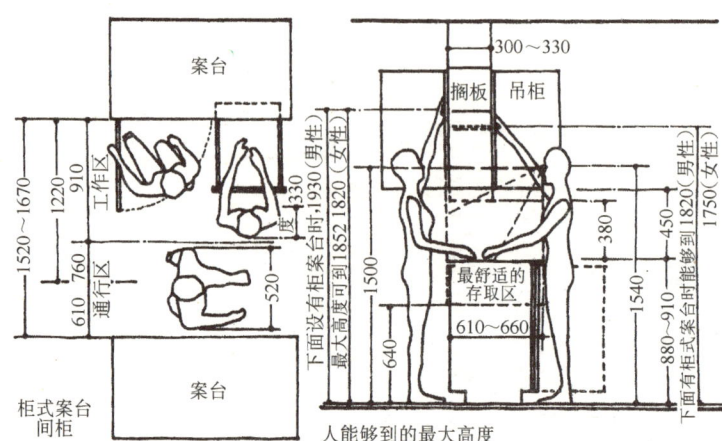

柜式案台间柜　　　　人能够到的最大高度

图 5-9　厨房常用人体尺寸（单位：mm）

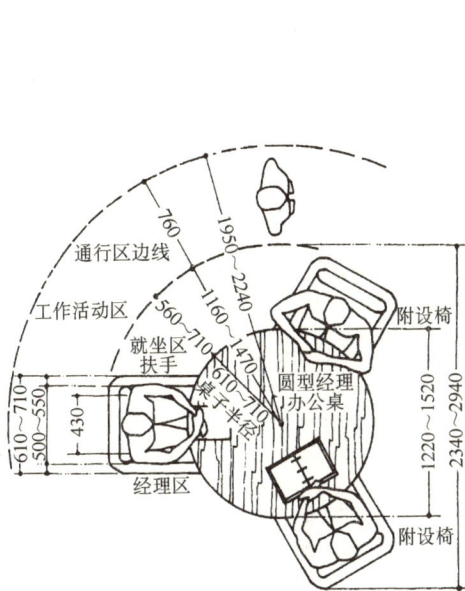

圆型办公桌

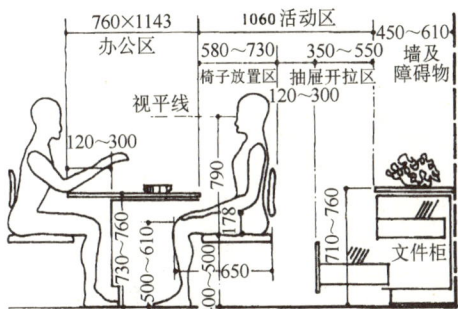

经理办公桌主要间柜

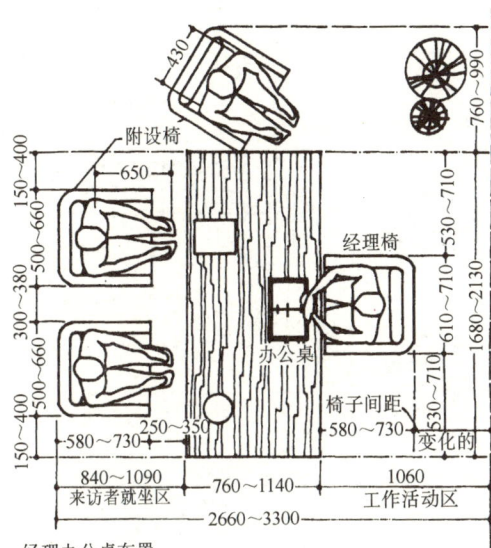

经理办公桌布置

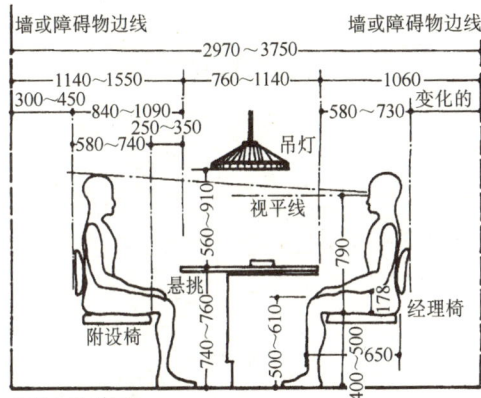

经理办公桌布置

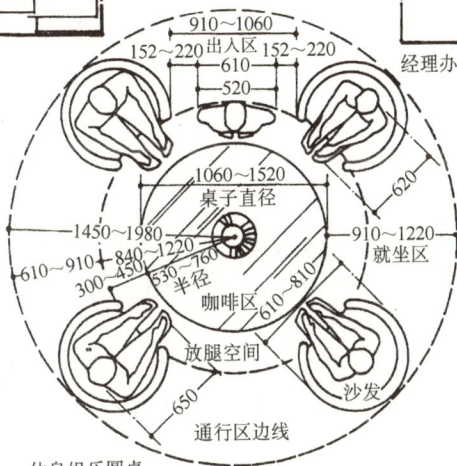

休息娱乐圆桌

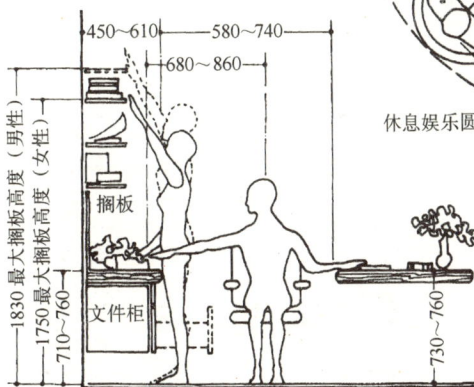

经理办公桌文件柜布置

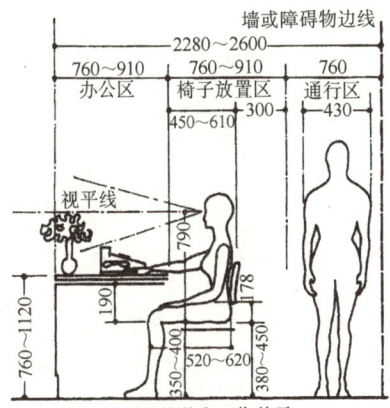

可通行的基本工作单元

图 5－10　办公室常用人体尺寸（一）（单位：mm）

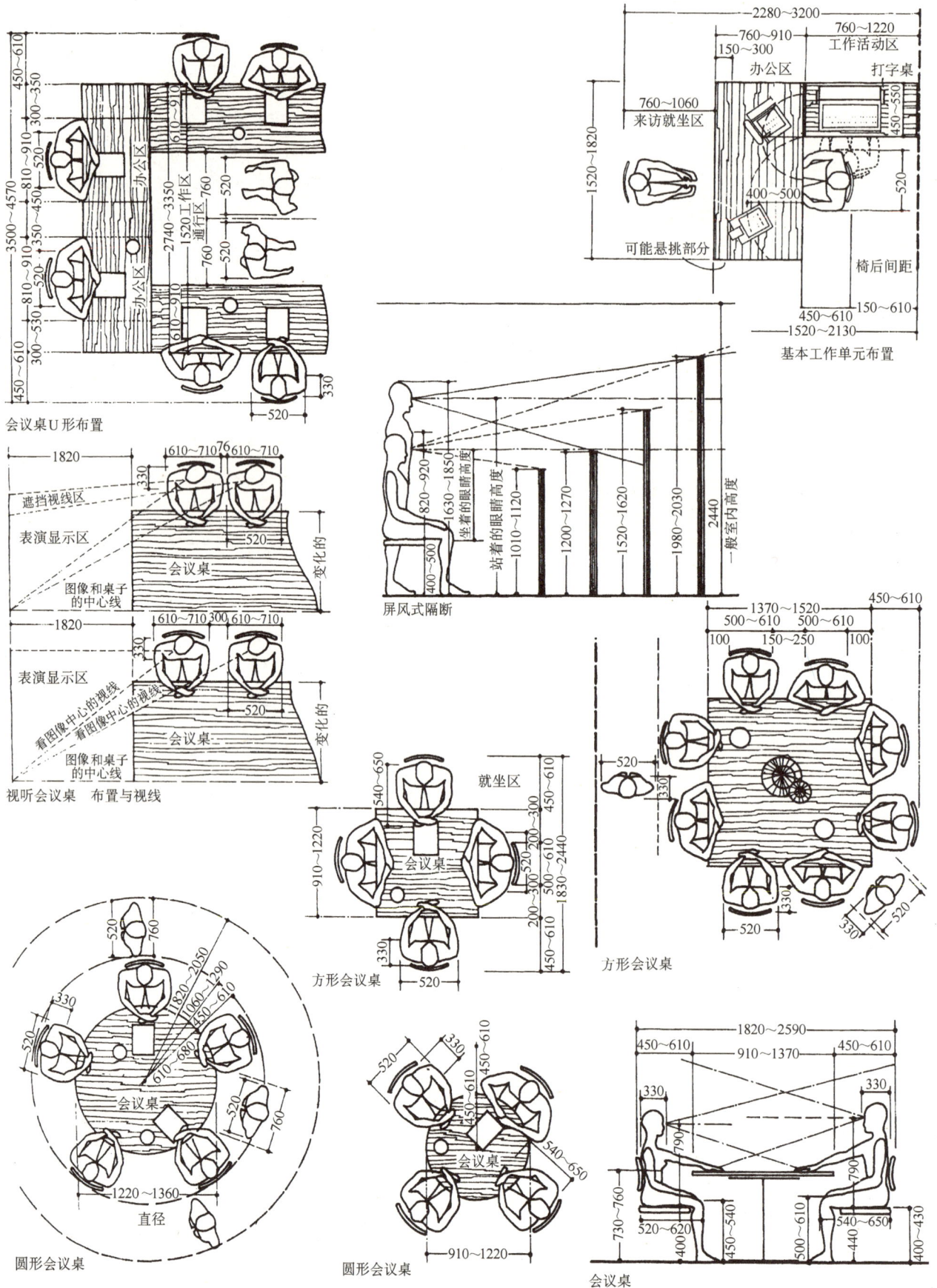

会议桌U形布置

视听会议桌 布置与视线

遮挡视线区
表演显示区
图像和桌子的中心线

表演显示区
看图像中心的视线
看图像中心的视线
图像和桌子的中心线

圆形会议桌
直径
圆形会议桌

方形会议桌
就坐区
会议桌
方形会议桌

屏风式隔断
坐着的眼睛高度
站着的眼睛高度
一般室内高度

基本工作单元布置
工作活动区
办公区
打字桌
来访就坐区
可能悬挑部分
椅后间距

方形会议桌
会议桌

会议桌

图 5-11 办公室常用人体尺寸（二）（单位：mm）

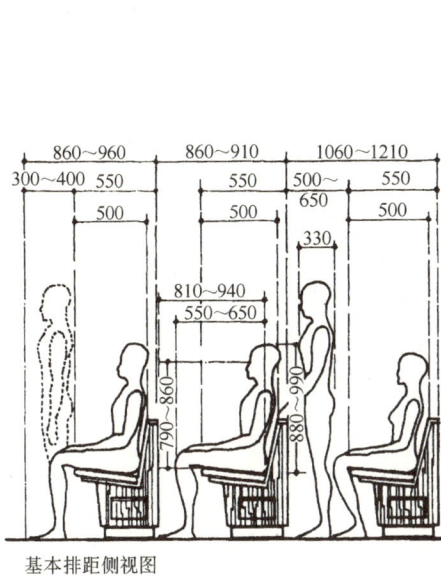

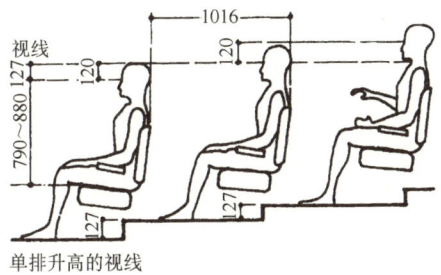

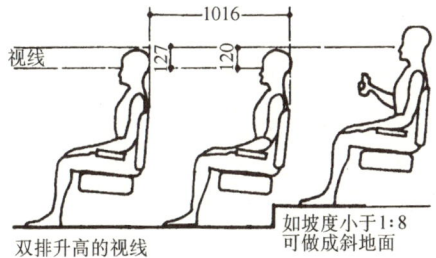

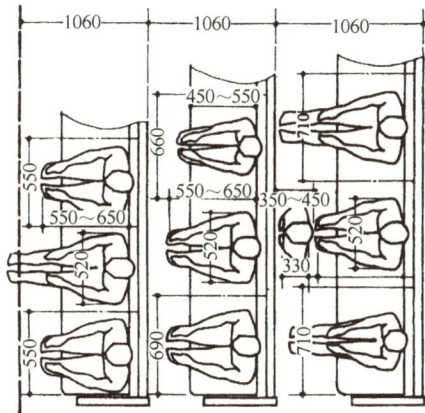

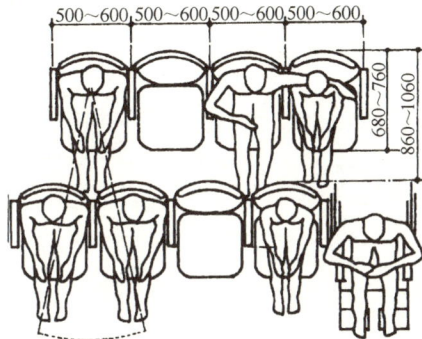

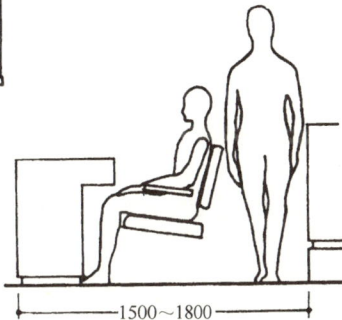

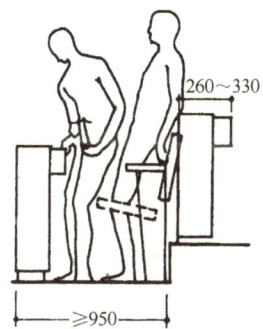

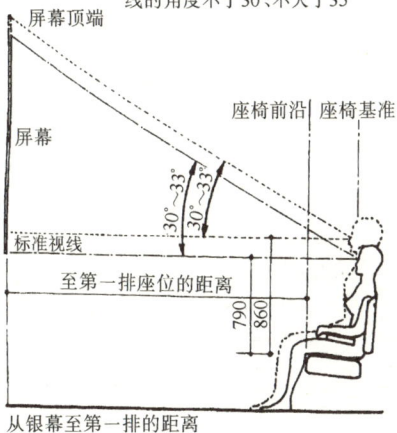

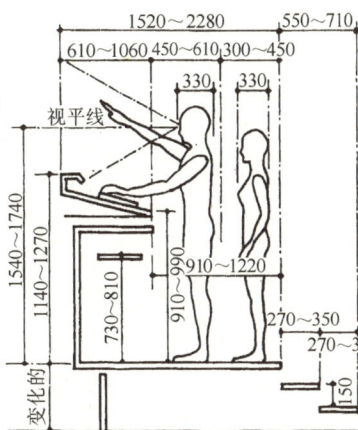

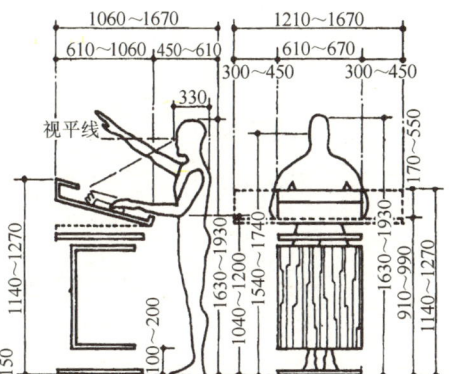

图 5-12　视听空间常用人体尺寸（单位：mm）

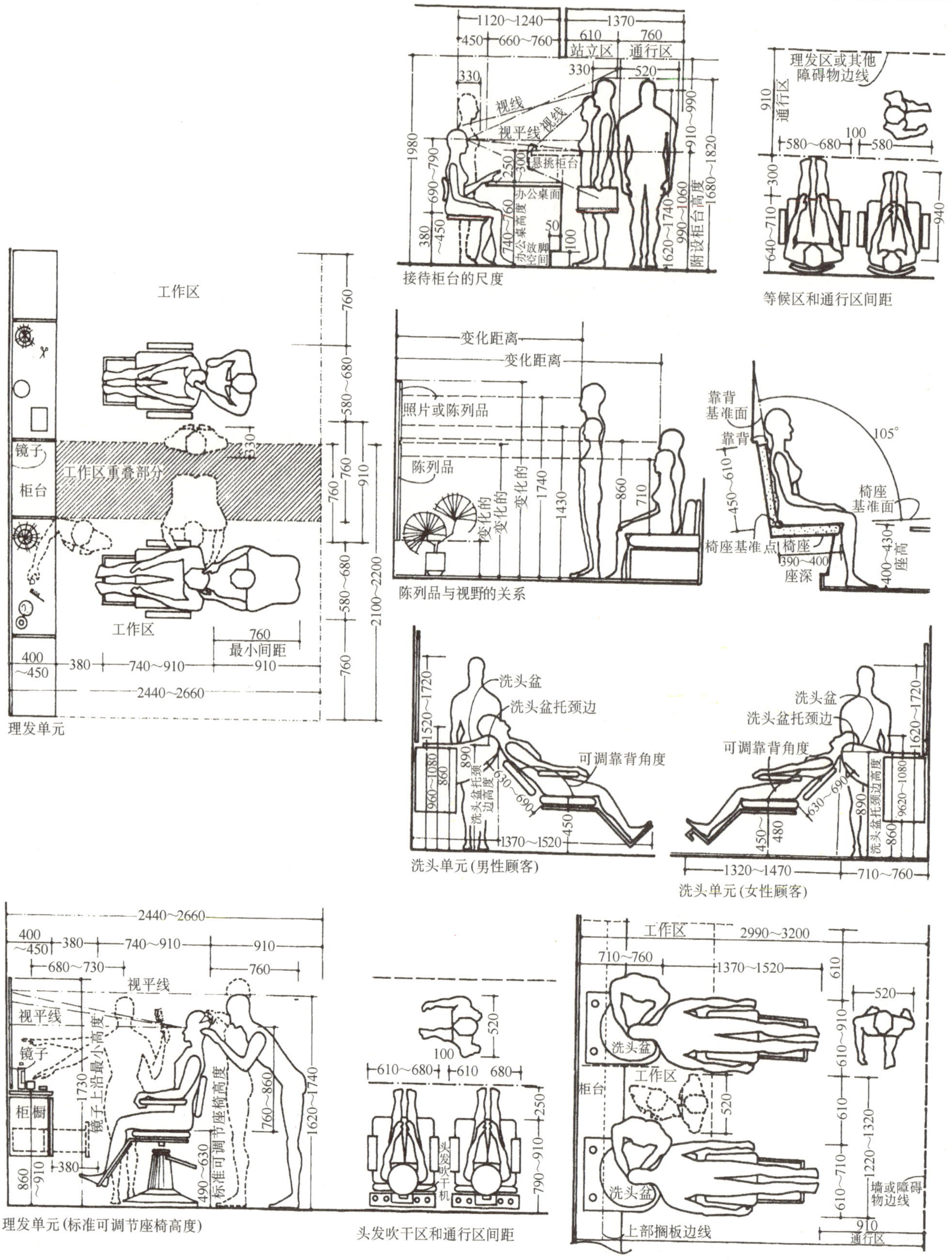

图 5-13　美容美发常用人体尺寸（单位：mm）

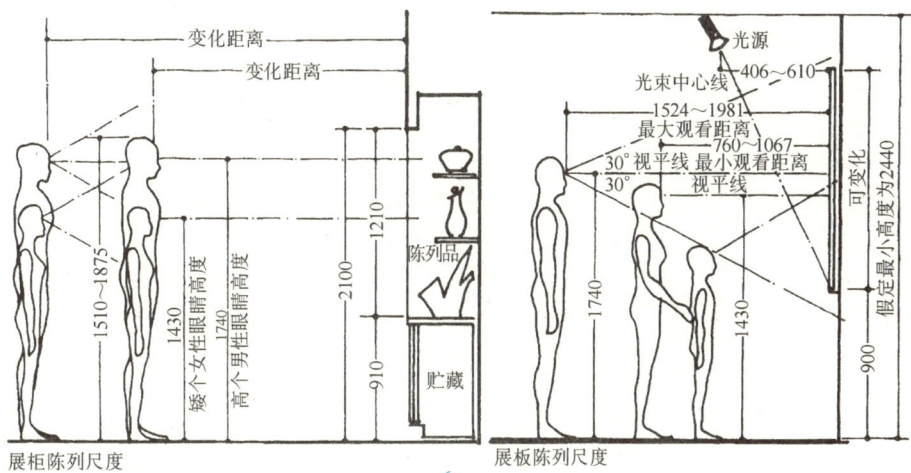

展柜陈列尺度

展板陈列尺度

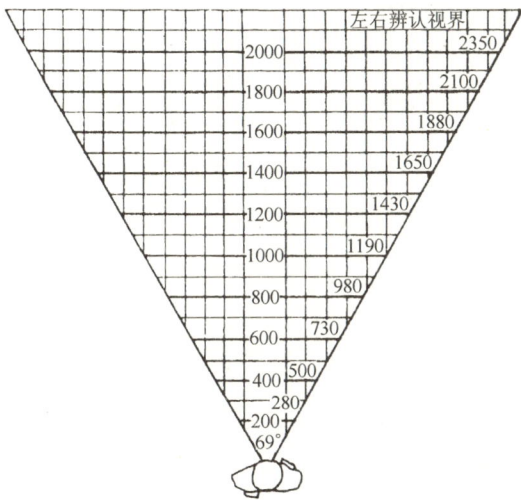

光源
光束中心线 406~610
1524~1981 最大观看距离
30° 视平线 最小观看距离 760~1067
视平线
30°

变化距离
变化距离
1510~1875
1430 矮个女性眼睛高度
1740 高个男性眼睛高度
2100
1210
陈列品
910
贮藏

1740
1430
可变化
假定最小高度为2440
900

展品陈列与视野关系(水平)

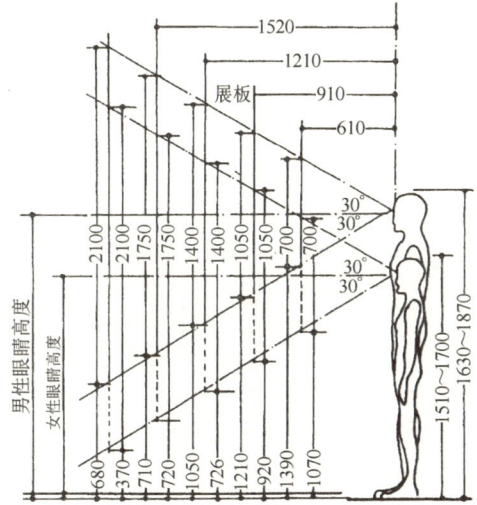

左右辨认视界
2000　2350
1800　2100
1880
1600
1650
1400
1430
1200
1190
1000
980
800
730
600
500
400
280
200
69°

展品陈列与视野关系(垂直)

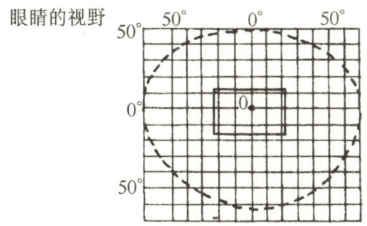

1520
1210
展板　910
610
30° 30° 30° 30° 30°
男性眼睛高度　女性眼睛高度
2100 2100 1750 1750 1400 1400 1050 1050 700 700
1510~1700　1630~1870
680 370 710 720 1050 726 1210 1390 1070

眼睛的视野

50°　0°　50°
0°
50°

2600
2400
2000
1800
1500
1000
600
300
0
辨认视界
60° 60° 60°

陈列位置尺度

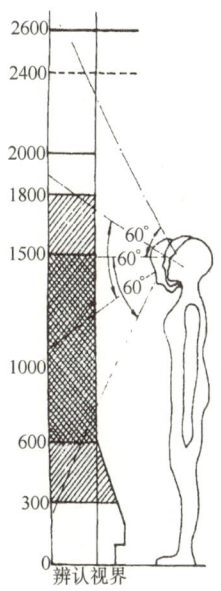

挂镜条
最好的陈列位置
挂镜孔
3500 2500 1700 800
4000 1700
1000 1000

陈列品视距调查表

陈列品性质	陈列品高度 D(mm)	视距 H(mm)	D/H
图　板	600	1000	1.6
	1000	1500	1.5
	1500	2000	1.3
	2000	2500	1.2
	3000	3000	1.0
	5000	4000	0.8
陈列立柜	1800	400	0.2
陈列平柜	1200	200	0.19
中型实物	2000	1000	0.5
大型实物	5000	2000	0.4

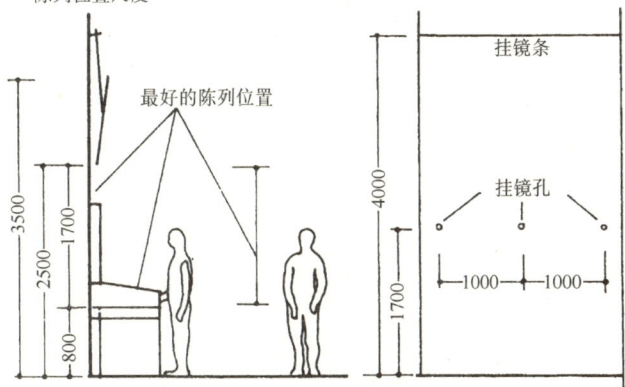

　　垂直面上的平面展品陈列地带一般由地面0.8m开始，高度为1.7m。高过陈列地带，即2.5m以上，通常只布置一些大型的美术作品(图画、照片)。小件或重要的展品，宜布置在观众视平线上(高1.4m左右)。挂镜条一般高度4m，挂镜孔高1.7m，间距1m。

图 5-14　展览展示常用人体尺寸（单位：mm）

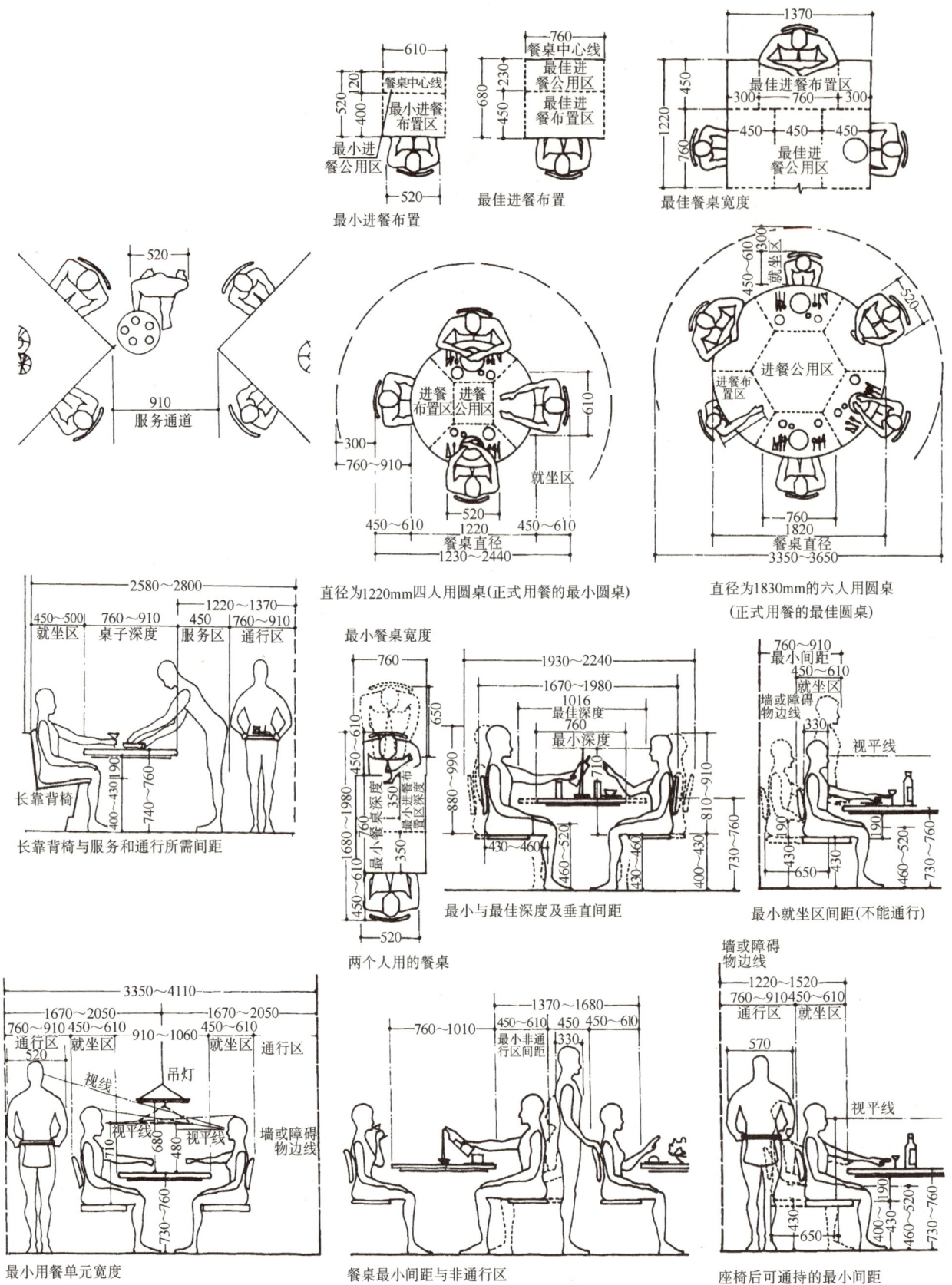

图 5-15　餐饮空间常用人体尺寸（单位：mm）

最小进餐布置

最佳进餐布置

最佳餐桌宽度

服务通道

直径为1220mm四人用圆桌(正式用餐的最小圆桌)

直径为1830mm的六人用圆桌
（正式用餐的最佳圆桌）

长靠背椅与服务和通行所需间距

最小餐桌宽度

两个人用的餐桌

最小与最佳深度及垂直间距

最小就坐区间距(不能通行)

最小用餐单元宽度

餐桌最小间距与非通行区

座椅后可通行的最小间距

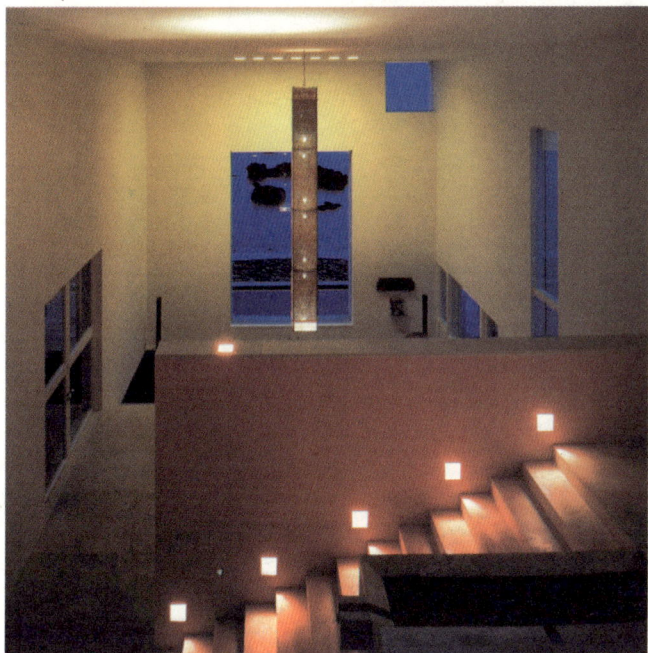

图 5-16　窗户的不规则造型形成了一种错落有致的韵律感，楼梯的处理寥寥数笔却使空间更加富有层次感，简单的线条和灯光营造出一种特殊的结构空间

图 5-17　床是人们心理上最私密的空间，把这个空间封闭起来，与其他空间分割开来，给人很好的安全感。实界面围和封闭空间营造出的是更加的私密性和神秘感

图 5-18　这是一个开敞空间，除了柱子和玻璃搁断，几乎没有实墙
可以阻碍人的视线，整个空间开敞通透

图 5-19　这是一个共享空间，人们可以休息、交谈、看书，
虽然是公共空间，但彼此并不干扰

图 5-20　螺旋式楼梯给人一种动感，营造出
特有的流动空间

图 5-21　大胆的黑白相间的地砖，极富肌理效果的隔墙和
　　　　　幽蓝的灯光氛围，营造出一种迷幻空间

图 5-22　地台上开辟出的小空间与其他就餐空间形成了一种大
　　　　　小的对比，这也是子母空间形成的特有的空间感

（2）顶棚的分格的空洞。顶棚设计成分格比不分格空间显得高。顶棚若有空洞或透光的玻璃等，则空间显得宽敞。

（3）照度与色彩。照度高、冷色调的室内宽间显得宽敞，反之，则显得小。

4. 室内立面尺寸调整

我们可把室内的立面分为 3 个层次：①750mm 以下的，包括大部分家具；②750～2030mm，主要是高家具和灯具；③2030～2440mm，超出人的可及范围，可用搁架、灯具，吊顶等来调节立面，见图 5-23。

立面比例协调优美，可以使整个空间增色，是室内设计后期处理最重要的一个环节。比例在各种设计中的应用都非常广泛，也非常重要，如蒙德里安创立的数理秩序，就不断被各种设计所采用，见图 5-24。

以下介绍几个比例设计的方法。

黄金分割：1：1.618（5：8）。

埃及比例：1：$\sqrt{2}$（1：1.4142）。

等差级数：1、2、3、4、5 或 3、6、9、12、15 等。

等比级数：4、8、16、32 或 1、3、9、27 等。

常见的比例分割如图 5-25 所示。

图 5-26～图 5-31 是几个立面比例设计的实例赏析。

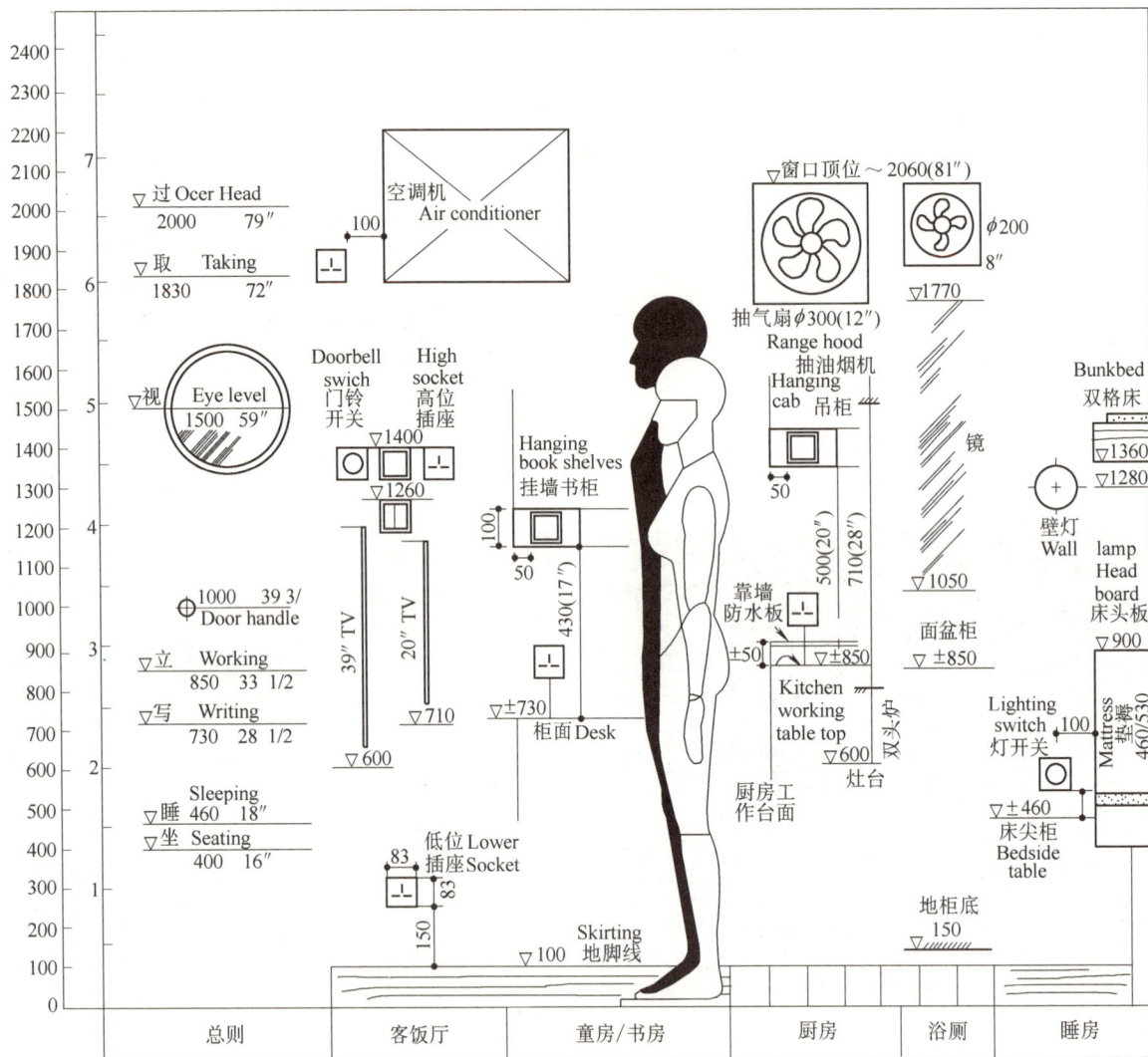

图 5-23　各个房间立面层次及尺寸参考（单位：mm）

图 5-24　蒙德里安的数理秩序

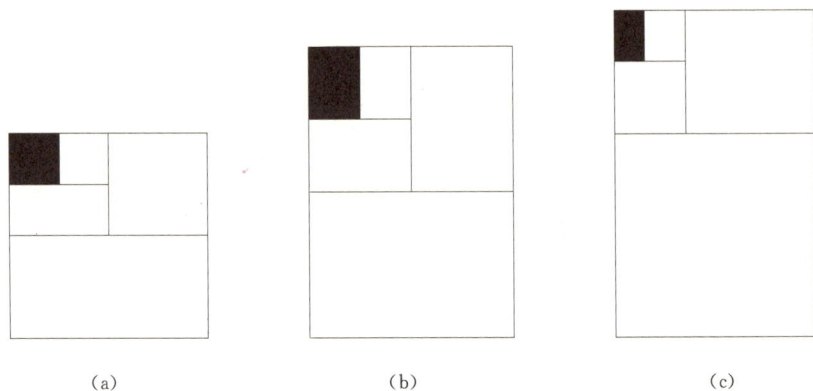

图 5-25　常见的比例分割

(a) 正方形的连续分割；(b) √2的连续分割；(c) 黄金比的连续分割

图 5-26　立面比例设计案例一
　　　　在这个空间中，落地灯起到了对沙发
和高窗之间的调节和平衡的作用

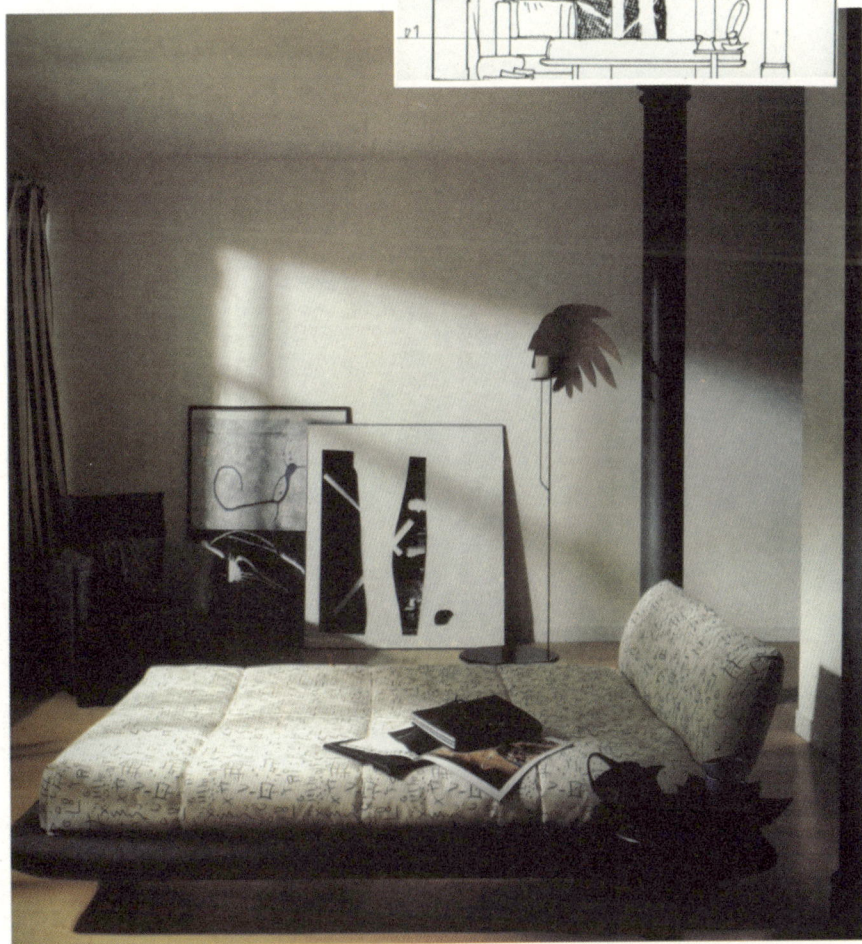

图 5-27　立面比例设计案例二
　　　　从右上图中对立面层次的分
析，可以看出在这个立面中
4、5、6令室内更加美观

图 5-28 立面比例设计案例三
在家具设计中对比例的运用，墙面上的
搁架就采用了比例分割的方法

图 5-29 立面比例设计案例四
图中地柜和吊柜比例和谐，在视觉上给
人舒适之感

图 5-30 立面比例设计案例五
墙面搁架的处理和谐优美，横线与竖线
的搭配比例均匀适中

图 5-31 立面比例设计案例六
比例在家具设计中的应用，同样也能显示
出很好的韵律感

5.2.4 室内空间设计实例分析

1. 案例一：传统型卧室空间

图 5-32 是某公寓卧室的设计效果表现，在空间布置上，首先满足使用的需要，床、床头柜都是必需之物，在满足基本功能的基础上，根据空间的大小，可在与床正对的地方放置电视柜，图中床边的地毯也是非常人性化的。在立面的调整上，床头柜上的台灯和床上方的装饰画使空间更富有层次感。

2. 案例二：现代型卧室空间

图 5-33 是一间集休息、观赏、休闲于一体的卧室。在功能上，外飘式窗台可以供人们观览外面的风景；躺椅、杂志架和床头桌组成了一个轻松的休闲和交流的区域；嵌在天花上的电视更是方便居住者在床上躺着看电视。这个设计充分考虑了现代社会和人们的各种需要，使卧室更具有现代感，并能满足人们的多种需要。

3. 案例三：平面布局

让我们看一下客厅部分的平面布局的改动（见图 5-34）：原来布置中进门的地方放置一个单人床，起居室放在了中间的部位，从人们的心理和生活习惯考虑，床放在比较隐蔽的地方会使人更有安全感，正如前面谈到的这个领域属于人的亲密空间，不适宜过分的暴露；而起居室是家人和朋友相聚的地方，应该开敞、明亮、方便，所以设在离门不远的地方效果会更好。改动后的空间不仅宽敞了许多，而且功能性也更强，就餐区和会客区通过地面的不同材质井然分开。

4. 案例四：售卖空间设计

图 5-35 是一个化妆品销售区域，首先在色彩上采用橘红色，它的醒目性和温暖感正好符合女性的特点，对视觉的冲击力也较强；其次在空间布局上，采用简单的条带式摆放，让人一目了然，展柜的选择便于人们拿取和观看不同的化妆品。同时在收银台还放有两把休息和试妆的座椅。但有一个地方还是不够完善，在图中三个椭圆形展台的中间一个阻碍了流通，应该放置在其他的地方。

图 5-32 传统卧室效果

图 5-33 现代卧室效果

双人床
餐桌
椅
书桌
柜
柜
书桌
柜
沙发
水池
冰箱
单人床

改动后布局

原布局

图 5-34　平面布局

图 5-35　售卖空间

5.3 人体工程学在室内设计中的应用

5.3.1 办公空间设计

早期的办公空间还没考虑那么多人体工程学的因素，见图 5-36。随着社会的发展和进步，现在的办公空间发生了很大的变化，见图 5-37。人的大部分时间是处于工作的状态，因此办公空间的合理性与舒适性成为人们普遍关注的问题，办公空间在人体工程学方面的考虑要远远大于其造型。

1. 办公空间的功能要素

一般规模的办公室最起码应该满足的功能要素是：前台或文员、工作区、经理室、会计出纳室、厕所、会议室、文印室、休息室。大型的办公空间功能会更加复杂，如专门的接待室、资料室、展示室等。所以在平面规划时应根据不同功能的要求，有目的、有意识地进行设计，如图 5-38 所示。

2. 办公空间的划分

为了适应办公空间中的不同功能要素，办公空间的划分也要符合不同人的使用功能，同时也要保证出入口和通道能满足工作人员的正常流通。如图 5-39 的会议室的平面流线分析，两个入口是缓解人流的关键。

下面就介绍一下办公空间的主要区域，从人体工程学的角度合理划分空间，将极大地提高工作效率。

（1）前台或文员。可以单独设立接待台，在公司大门的入口处，这样可保证外来人员的引导和公司的安全。一些中小规模的企业，文员和前台是一个人，则接待台还要能摆放电脑和日常处理的文件。一般来讲，前台是公司的门面，在设计上要能体现公司的品位和特色，给来访者留下很好的印象，见图 5-40 与图 5-41。

（2）工作区。工作区是公司中最繁忙的区域，因为这里是工作的中心。一般分为全开敞式、半开敞式和封闭式三种。

1）全开敞式办公的优点。员工之间可以无障碍交流，彼此是透明的，老板对员工的工作状态也是一目了然，可以创造一种比较现代、轻松的工作环境，见图 5-37，但也存在着缺陷，比如打电话或接待客人时会彼此干扰，员工的私密性很差。

2）半开敞式办公的优点。利用隔断对宽敞的空间进

行重新分割，每个员工都有属于自己的一个小空间。室内显得井然有序，人与人彼此不干扰。同时由于割断的高度一般在 1.5m 左右，所以只要站起来就可以顺利地传递文件，现在大部分的公司选择了这种形式，见图 5-42。家具的选择和布置也很合理，都围绕在员工触手可及的位置，使用起来非常方便。

3）封闭式办公的优点。每个功能区被明确，员工的私密性较好，工作时互不干扰。但交流较差，虽同在一个公司，有可能彼此却很陌生，不利于团队工作，见图 5-43。

3. 办公家具的选择

办公家具一般要包括工作台，能放置电脑、打印机、各种文件；文件柜，放置各种文件、书籍、公用和私用的各种物品；推拉柜，放置办公用品，常用的文件、表格、合同等。办公桌的井井有条是工作效率的保证。此外家具的布局也是要注意的，一定要留出足够的起身行走的通道，如图 5-44 和图 5-45 所示。

现代办公家具中，整体办公家具很流行，一是安装方便，使用灵活，二是样子多变，功能齐全。此外，办公家具的细部设计也体现了很多人体工程学的因素。图 5-46～图 5-53 就是办公组合屏风、隔断的安装及尺寸，几种办公家具尺寸和细部结构。

4. 办公室的照明环境

办公室的照明对于工作的质量和效率有极大的关系，在一个明亮宽敞的环境中工作，可以使枯燥变为愉快，而对于老板来讲，改善照明环境也就意味着更多的利润。

在实际设计时，以下方法是可以参考和借鉴的。

（1）在工作中的视野内，不应直接看到光源。

（2）光源亮度在 $200cd/m^2$ 以上时，要使用遮光罩。

（3）光源要安装在与水平成 30°角以上的区域。

（4）荧光灯灯管的安装方向要垂直于视线方向。

（5）总体光源功率一定时，低功率多点照明比高功率集中照明合理。

（6）桌面不要使用易反光的材料和颜色。

（7）照度要在 500～750lx 为宜。

（8）灯的设置最好与工作桌的设置相一致，避免产生死角。

图 5-36 早期的办公空间

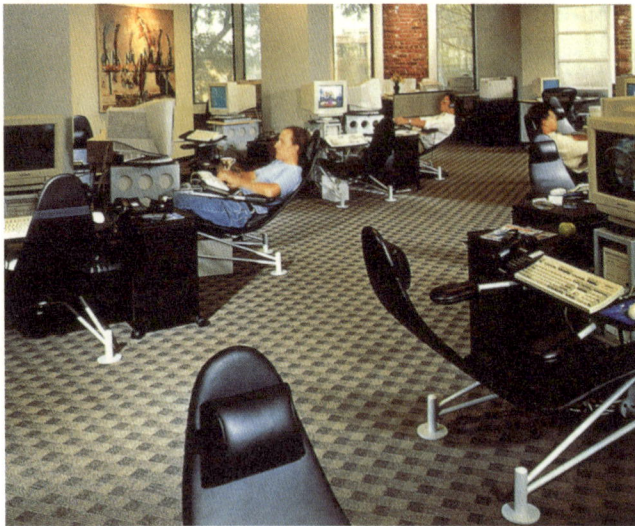

图 5-37 现在的办公空间，轻松开敞

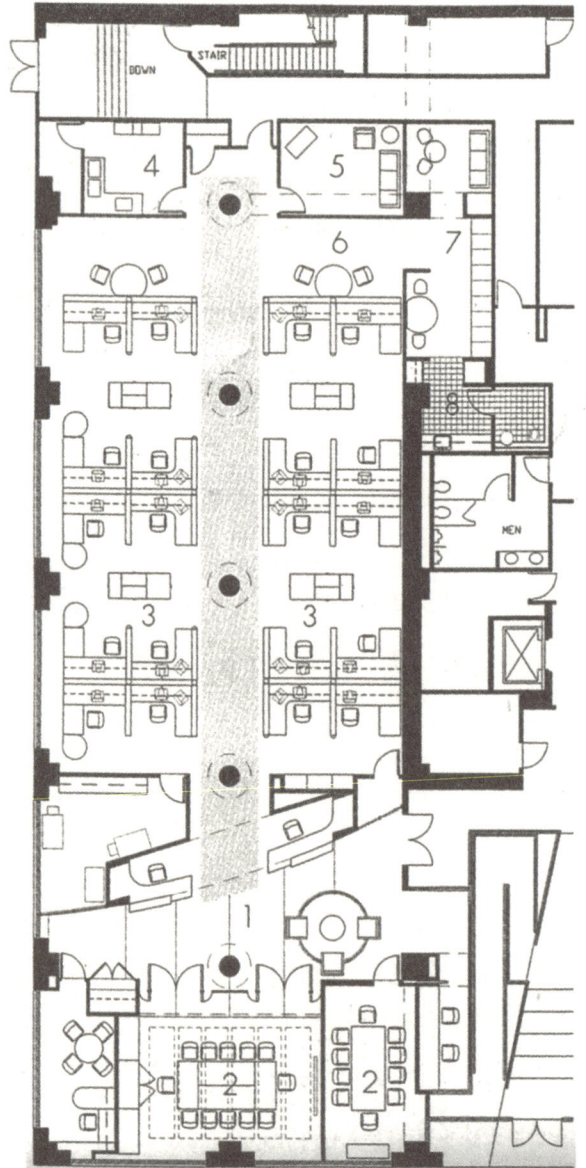

图 5-38 办公空间布局
1—前台及休息区；2—会议室；3—工作区；
4—控制室；5—休息室；6、7—休闲区；
8—卫生间

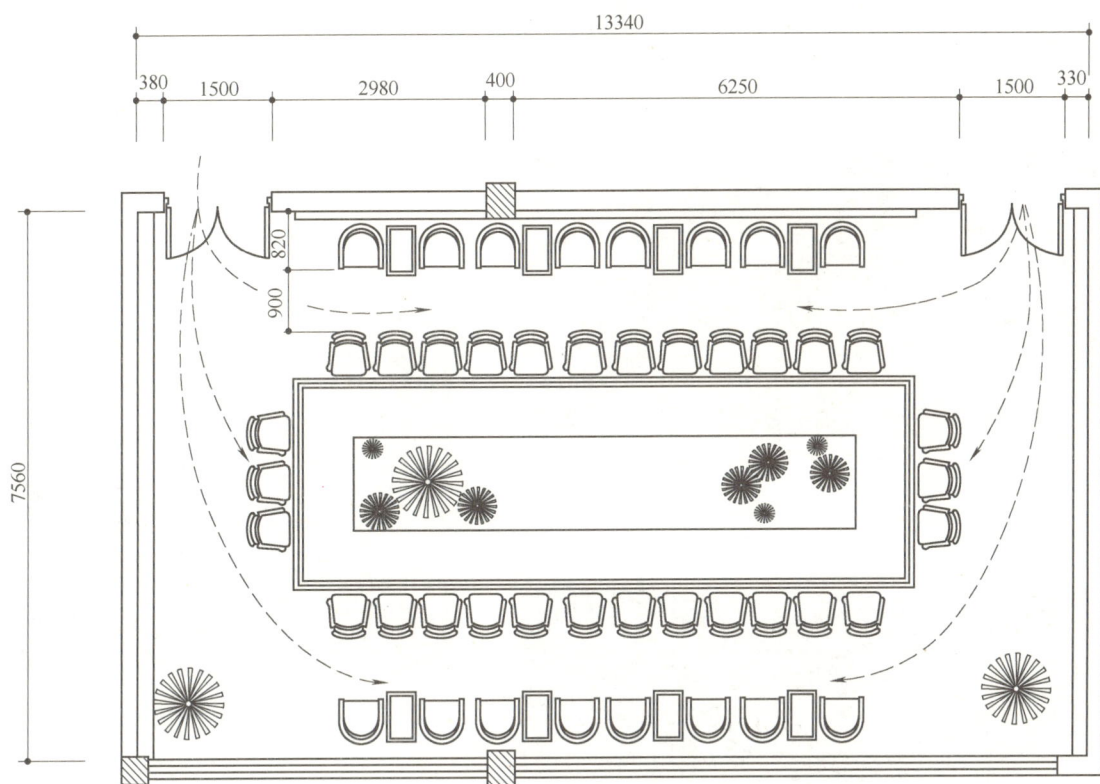

图 5-39　会议室（单位：mm）

图 5-40　接待台（一）

图 5-41　接待台（二）

图 5-42 半开敞式办公室

图 5-43 封闭式办公室

图 5-44 办公家具的摆放，要留出足够的人行走的通道

图 5-45 组合式办公家具

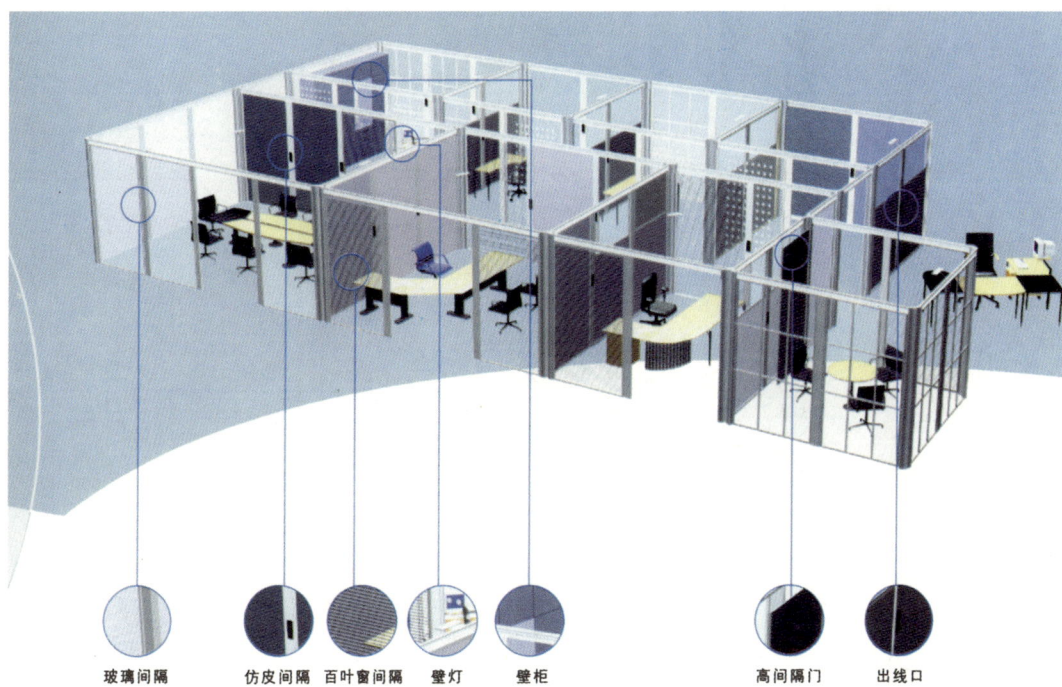

玻璃间隔　　仿皮间隔　百叶窗间隔　　壁灯　　壁柜　　　　　　高间隔门　　出线口

图 5-46　办公隔断的人体工程学设计

图 5-47　组合式办公家具，可根据需要进行不同的组合

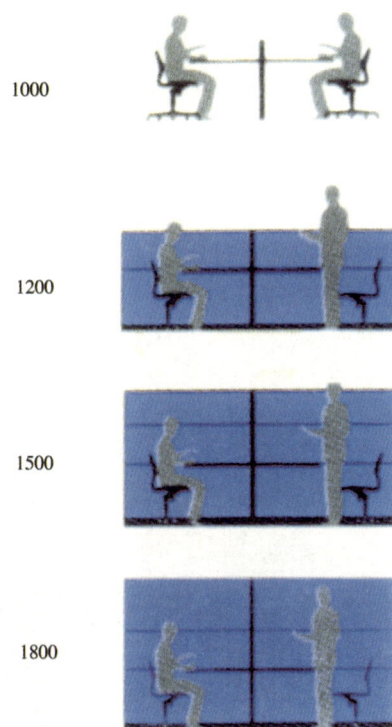

1000

1200

1500

1800

图 5-48　屏风高度示意图
（单位：mm）

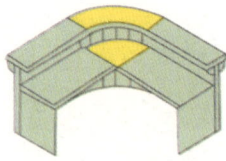

接待台

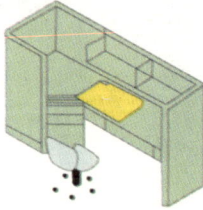

L 形工作单元

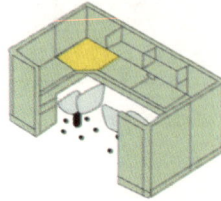

L 形双位工作单元

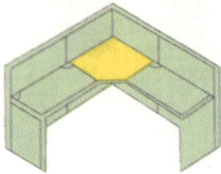

五角形工作单元

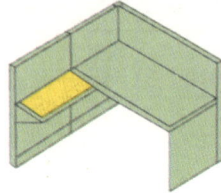

L 形工作单元

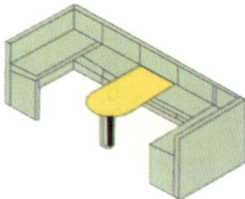

U 形双位工作站

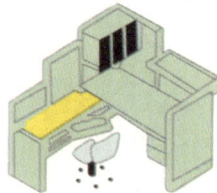

L 形工作单元

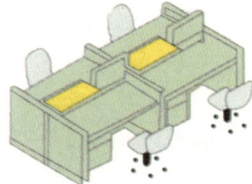

十字形四位工作单元

图 5-49　办公桌椅组合方式

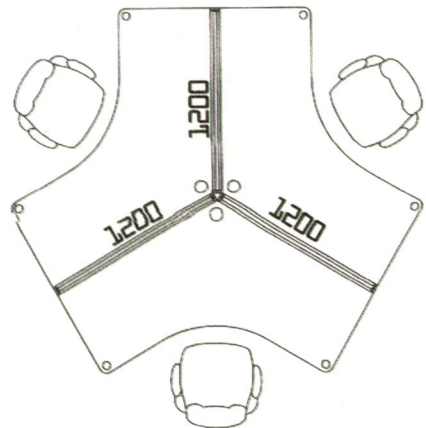

图 5-50（一）　办公桌椅尺寸（单位：mm）

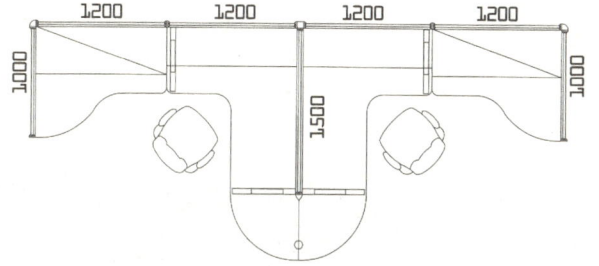

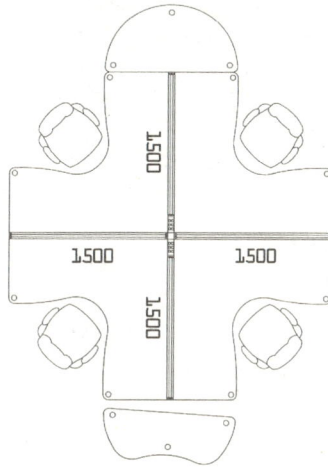

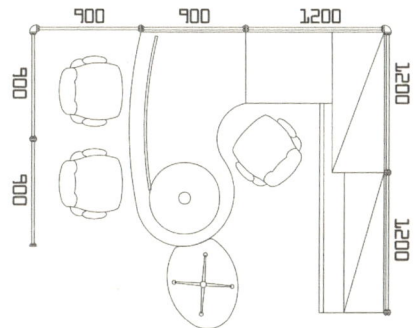

図 5-50（二）　办公桌椅尺寸（单位：mm）

图 5-51　隐蔽的走线大大提高了安全感

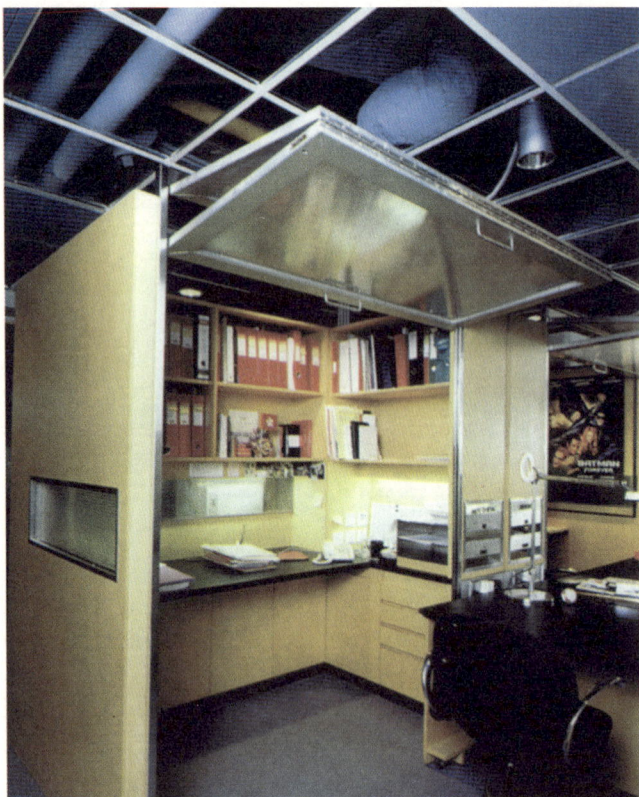

图 5-52　这两幅图展示的是一种设有可以开启拉门的整体
　　　　　办公家具。不用时拉下来锁上，非常安全

图 5-53　办公家具，用文件柜作
　　　　　为不同工作区的划分

图 5-54　餐厅、厨房共处一室，厨房的操作台
同时又兼做吧台

5.3.2　家居空间设计

营造一个品位高雅、格调不俗的家居氛围，不是简单地把自己喜欢的沙发、茶几、电视柜、餐桌椅摆进家里，而是要从科学与艺术的角度，在空间的规划、色彩、光线、个性等方面巧妙构思，才能使你进入家的环境时，得到身心的放松和满足。现在提倡的"人性化"家居、"健康家居"等是人体工程学设计的重要内容之一。

家居设计也是一门学问，其中揉进了较多的人机工程学的因素。

1. 空间规划及家具的摆放

（1）空间划分。家居空间的规划要合理。一般情况下，家居空间分为三个大的功能区：休息区、生活区和活动区。休息区是睡眠和休息的区域，包括卧室，相对要安静隐蔽一些；生活区是就餐、盥洗等区域，包括厨房、餐厅、卫生间等，房间要求通风、安全、清洁；活动区主要是学习、待客、娱乐的区域，包括客厅、书房等，要求相对的自如、雅致、有品位。

现代人生活方式的改变也使室内的功能形式发生了改变，比如建筑本身没有那么多分割墙，客厅和餐厅、书房甚至卧室都可以根据需要用一些屏风、隔断之类的东西随意划分，每个区域都是通透或半通透；厨房原来就是做饭的地方，现在厨房不仅是做饭的场所，同时也可兼作餐厅，开放式的操作餐台和餐桌椅共处一个空间，厨房中操作台同时又可做休息台、吧台等；这种空间功能的模糊化或多样化与传统室内布局有迥然的不同，在设计时要根据空间的建筑结构和主人的特点进行设计，如图 5-54～图 5-57 所示。

此外空间的规划还要符合人流的行为和人们的生活习惯，图 5-58～图 5-64 的户型分析可供参考。

图 5-55　休闲、展示和就餐三个区域是相通的

图 5-56　客厅和餐厅合二为一

图 5-57　餐厅和厨房合二为一，红色的橱柜和餐椅
更增强了就餐的欲望

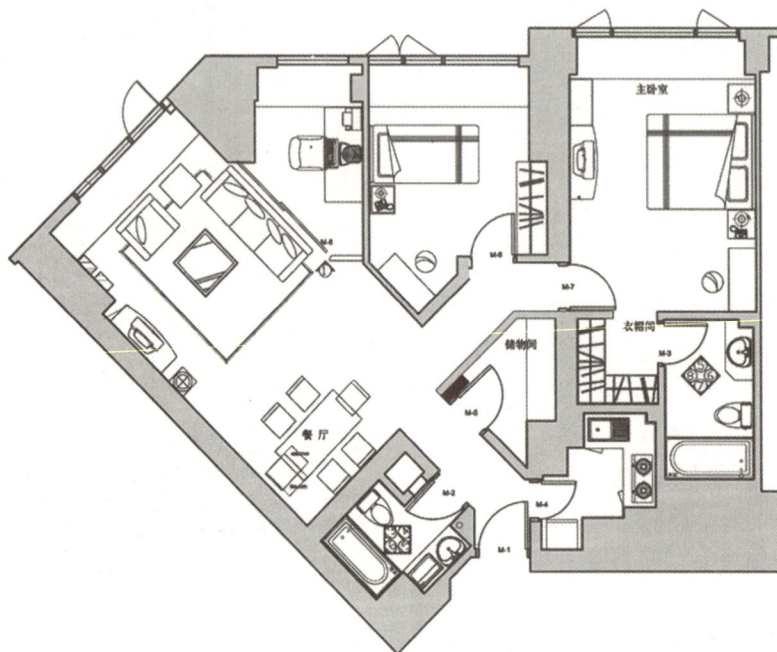

图 5-58　户型分析案例一

该户型属于不规则形状的小户型，在设计时充分合理的利用空间是关键。入口处的储藏间不仅利用了空间，而且形成了一个小的过道，使起居室相对独立，同时又把卧室和起居室分开，达到了动静区分的效果。此外，在起居室沙发的后面，设立了一个较为僻静的区域，作为书房，因为起居室的形状是不规则的，在人的视野中，转角太多会产生杂乱之感，该设计把起居区域作为一个完整和规则的形状进行划分，剩下的空间利用起来做一个小的书写区域，这种设计思路比较符合一般人的心理感觉

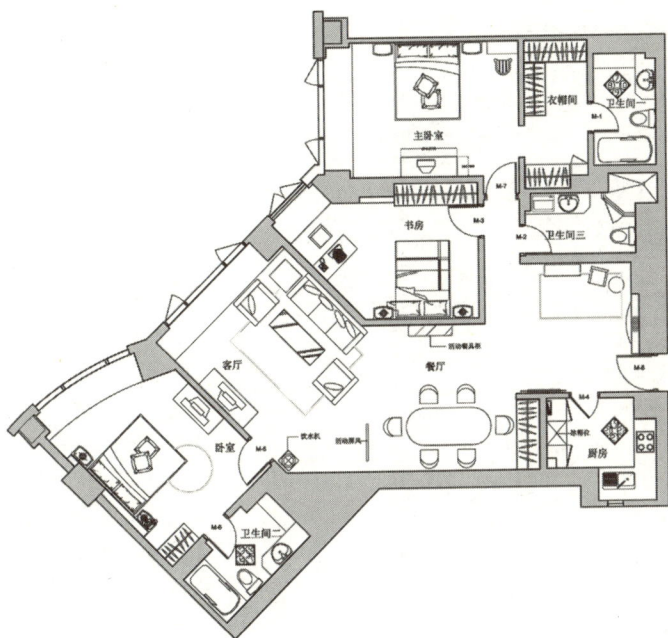

图 5-59　户型分析案例二

　　同上面的户型相似，这也是一个很不规则的户型。客厅被分成了三个部分，在这三个部分中要首先考虑起居区域，起居空间是家人和客人聚会、休闲和娱乐的地方，沙发围合成 U 形，营造出一个交流的心理空间，光线和视野会使人产生较好的心理感受，所以，把起居区域安排在靠窗户的地方是比较合理的

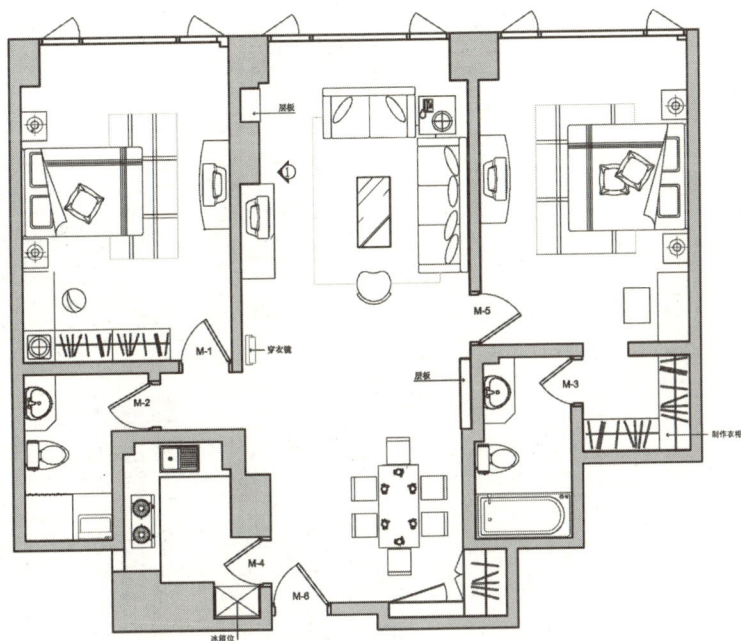

图 5-60　户型分析案例三

　　这个户型形状比较规则，客厅和餐厅连在一起。在这里值得一提的是在入口的地方，合理利用建筑本身的凹进空间，做成鞋柜和储物柜，又不影响就餐和整体的美观，同时该设计留出了较为充裕的流动空间，使居室显得宽敞、开阔

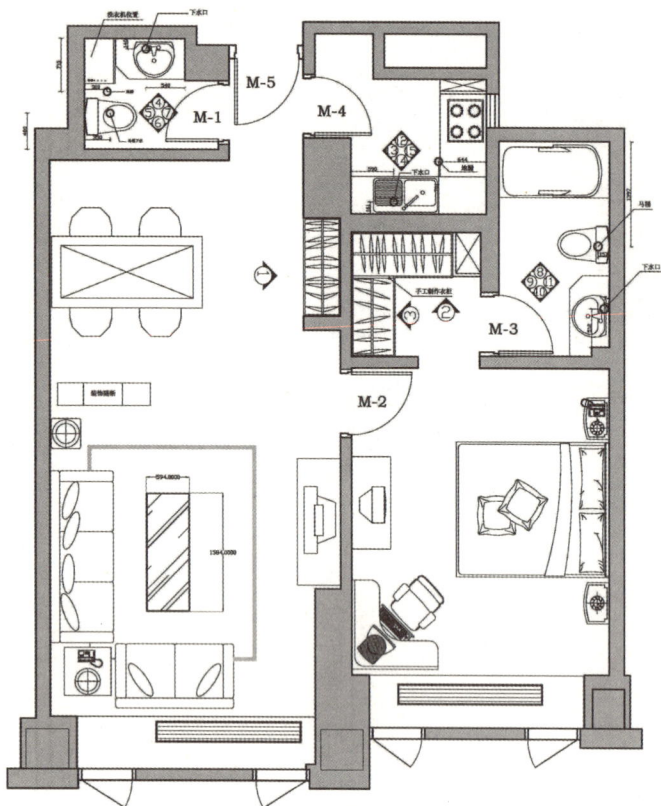

图 5-61　户型分析案例四

这是一个一室两厅的小户型。合理紧凑的安排家具，使空间既实用又美观是设计的重点。餐厅和客厅通过一个柜子进行了局部分割，在人的心理上产生了两个空间的感觉，使各个不同的区域有相对明确的划分。在卧室的拐角处设置了小的书写区域。但不十分合理的地方是，在卧室中没有必要再有一个卫生间，因为这种小户型本身就是一到两个人住的，人少就导致有一个卫生间浪费，如果把卧室里的卫生间改造成一个独立的书房会更好一些

图 5-62　户型分析案例五

建筑上户型的不同，体现了生活理念的不同。这个户型对各个功能区作了更细化的处理，如厨房里多了一个生活阳台，增加了保姆间，书房与阳光房和客厅贯通，使书房成为多功能房。在整体布局上，卧室和起居室是截然分开的。这样的设计是对空间的一种细化的理解

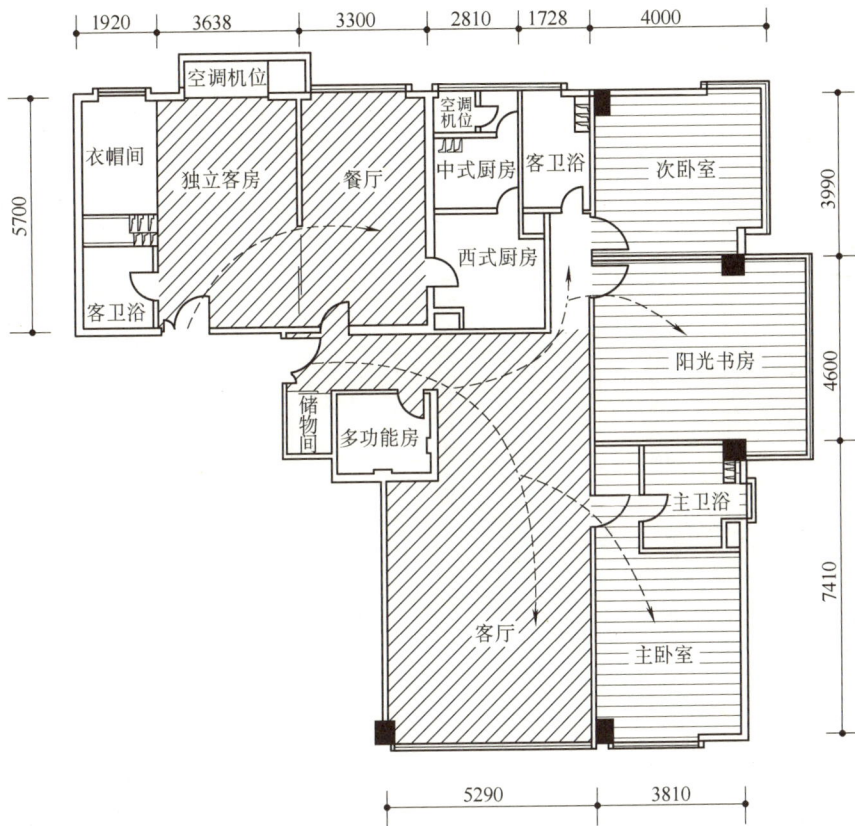

图 5-63　户型分析案例六（单位：mm）

这是对居室行走路线的分析，图上带箭头的虚线部分不应该再放置任何家具和物品，那样就会妨碍正常的通行，在对平面进行规划之前，对通行路线的分析是必要的

平面图标注：

空调机位

衣帽间　独立客房　餐厅　空调机位　中式厨房　客卫浴　次卧室

客卫浴　西式厨房　阳光书房

储物间　多功能房

主卫浴

客厅　主卧室

尺寸标注（上）：1920　3638　3300　2810　1728　4000

尺寸标注（右）：5700　3990　4600　7410

尺寸标注（下）：5290　3810

图 5-64　户型分析案例七

图中对居室不同功能区和结构作了分析。在满足了人的空间尺度要求的同时，对人的心理空间的设计也是很重要的

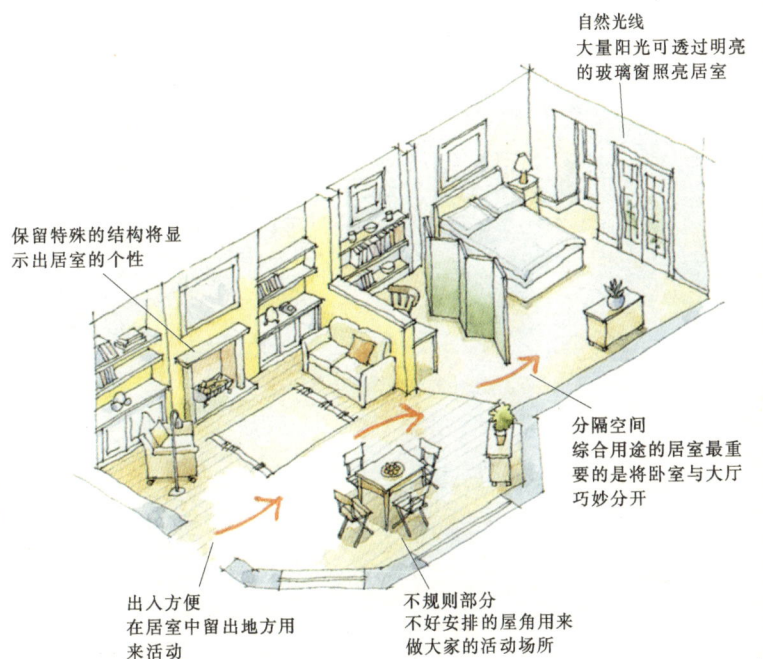

自然光线
大量阳光可透过明亮的玻璃窗照亮居室

保留特殊的结构将显示出居室的个性

分隔空间
综合用途的居室最重要的是将卧室与大厅巧妙分开

出入方便
在居室中留出地方用来活动

不规则部分
不好安排的屋角用来做大家的活动场所

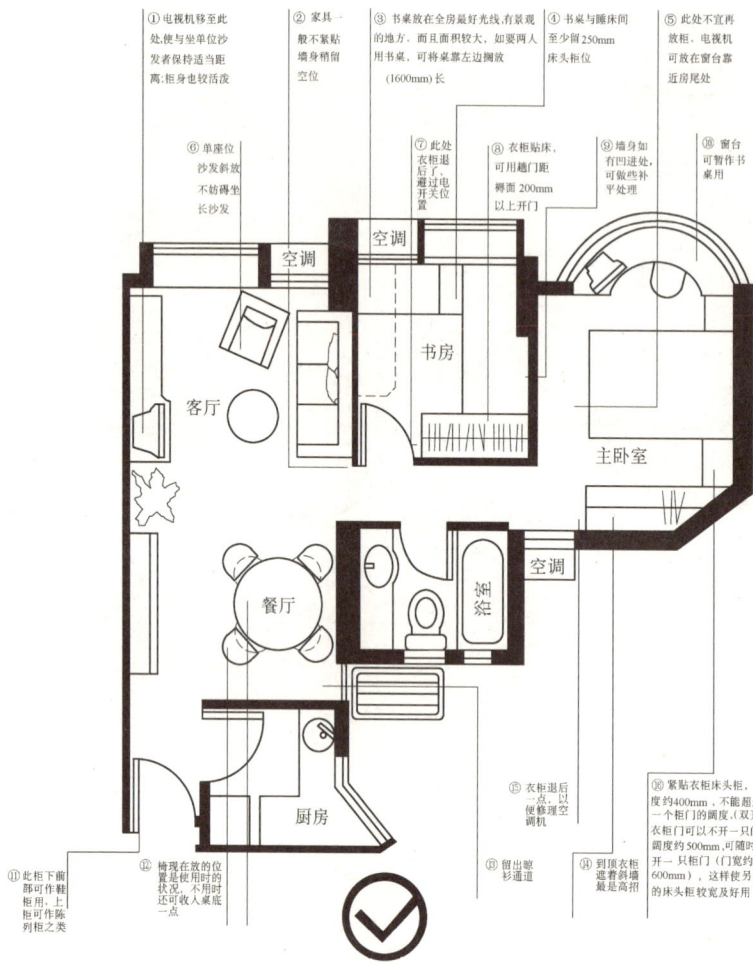

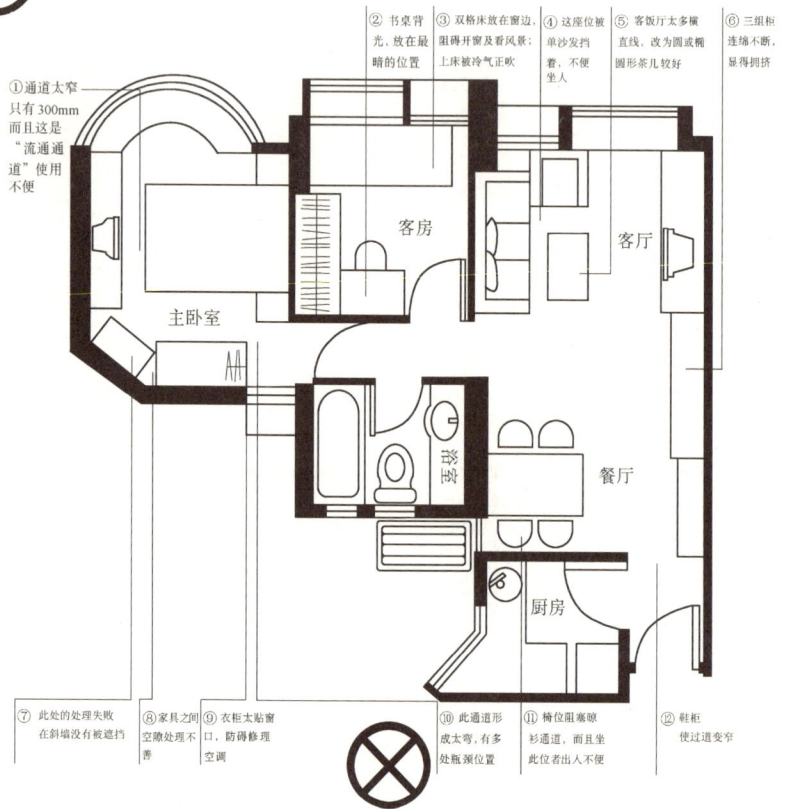

图 5-65　对家具摆放合理与否的分析

上图标注：

① 电视机移至此处,便与坐单位沙发者保持适当距离;柜身也较活泼

② 家具一般不紧贴墙身稍留空位

③ 书桌放在全房最好光线,有景观的地方,而且面积较大,如要两人用书桌,可将桌靠左边搁放(1600mm)长

④ 书桌与睡床间至少留250mm床头柜位

⑤ 此处不宜再放床柜,电视机可放在窗台靠近房尾处

⑥ 单座位沙发斜放不妨碍坐型长沙发

⑦ 此处衣柜退后了,避过电开关位置

⑧ 衣柜贴床,可用趟门距趟面200mm以上开门

⑨ 墙身如有凹进处,可做些补平处理

⑩ 窗台可暂作书桌用

⑪ 此柜下面部可作鞋柜用,上柜可作陈列柜之类

⑫ 椅现在放的位置是使用时的状况,不用时还可收入桌底一点

⑬ 到顶衣柜遮着斜墙最是高招

⑭ 紧贴衣柜床头柜,深度约400mm,不能超过一个柜门的阔度.(双开衣柜门可以不开一只门)阔度约500mm,可随时掩开一只柜门(门宽约600mm),这样使另一边的床头柜较宽及好用

⑮ 衣柜退后一点,以便修理空调机

⑯ 留出晾衫通道

空调　书房　主卧室　客厅　餐厅　浴室　厨房

下图标注：

① 通道太窄只有300mm而且这是"流通通道"使用不便

② 书桌背光,放在最暗的位置

③ 双格床放在窗边,阻碍开窗及看风景;上床被冷气正吹

④ 这座位被单沙发挡着,不便坐人

⑤ 客饭厅太多横直线,改为圆或椭圆形茶几较好

⑥ 三组柜连续不断,显得拥挤

⑦ 此处的处理失败在斜墙没有被遮挡

⑧ 家具之间空隙处理不善

⑨ 衣柜太贴窗,防碍修理空调

⑩ 此通形成太弯,有多处瓶颈位置

⑪ 椅位阻塞晾衫通道,而且坐此位者出入不便

⑫ 鞋柜使过道变窄

主卧室　客房　客厅　浴室　餐厅　厨房

（2）家具摆放。家具的摆放首先要满足使用功能的要求，其次就是按照视觉和心理的认知来布置家具。例如在功能合理性上，电视机背窗口放，日光的光线会使人产生炫眼。有的电视背面或前面是通道，人走来走去，令人的视线受干扰。双人床靠边放置，靠墙睡的人不能自由上下，如地方容许，只要留出350mm的小通道，一人就可通过。儿童房的家具不仅要安全，避免坚硬和棱角，还要在造型和色彩上符合孩子的天性，同时在空间的布局上以四周摆放为宜，这样中间就可以留出很大的空地让孩子放置各种玩具，见图5-65。

2. 家居必备品的整理与存放

生活中不可能不收藏物品，像床上用品、厨房用具、食品、书籍、个人记录等，基本上每个人都有东西要储藏，营造正确的秩序与合理的储藏也正是人机工程学研究的重要内容之一。人机工程学的目的之一就是产生高效、方便、快捷、有序的生活方式，怎样做才能更好地组织安排物品呢？这里介绍一些基本原则和案例，供大家学习时理解和设计时参考。

（1）基本原则和方法。

1）原则。储物空间的原则是"分门别类，各就各位，不要重复，控制藏露"，这也好似人体工程学所提倡的精神，这样可以减少人们的重复劳动，提高家居工作效率。

2）方法。①整体规划空间：预先留出储藏区域；②寻找丢失的空间：如角落、楼梯下面、墙上安壁橱等；③细节设计：把相似的东西归类，经常使用的东西就近放置等。

（2）生活区的储藏空间。

1）厨房。随着人们生活质量的提高，厨房也成了家庭生活的又一个中心，家里的每一个人都会经常用到它，这个空间是多功能的，大的厨房还可以兼做就餐、办公、娱乐等。

橱柜是厨房储藏的主角。早期的厨房就是灶台、所有的用品都摆放在明处，由于标准化和大工业的发展，整体橱柜给人们带来了一种新的生活方式和更大的便利。橱柜成为功能性最强的储藏形式，尤其是不仅能把所有东西收藏起来，防尘防灰，还可以在内部进行分割，有序地摆放物品。橱柜里有很多配件，像抽屉、隔板、搁架、酒杯架、餐具托等抽取式部件，使用起来极其方便。图5-66～图5-71为各种举例分析。

图5-66　橱柜内部分区合理性的对比，每幅图中，左边为不合理的，右边为适宜的设计

图5-67　炊具整齐放置、高度适宜，方便做饭时拿取

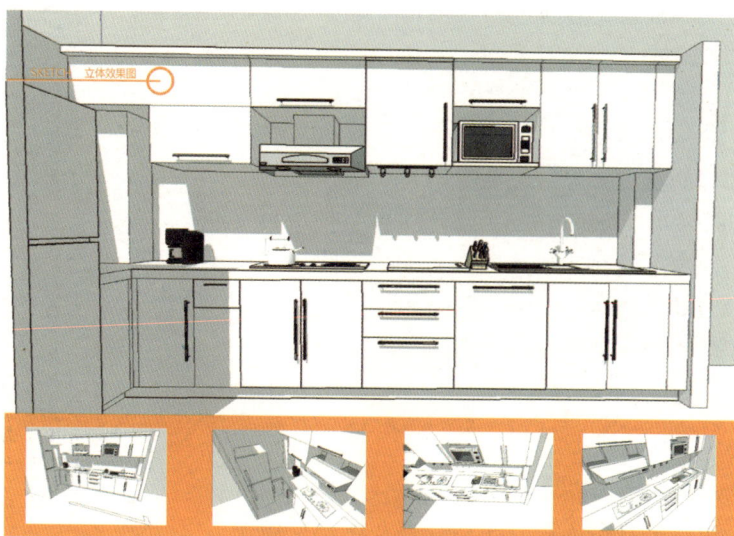

（a）

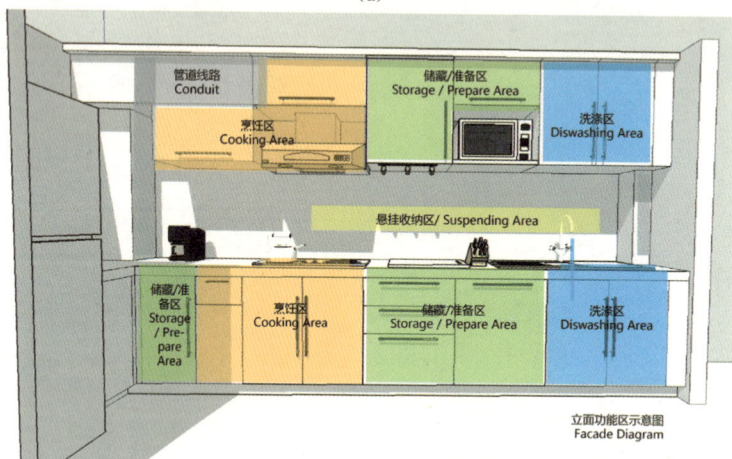

（b）

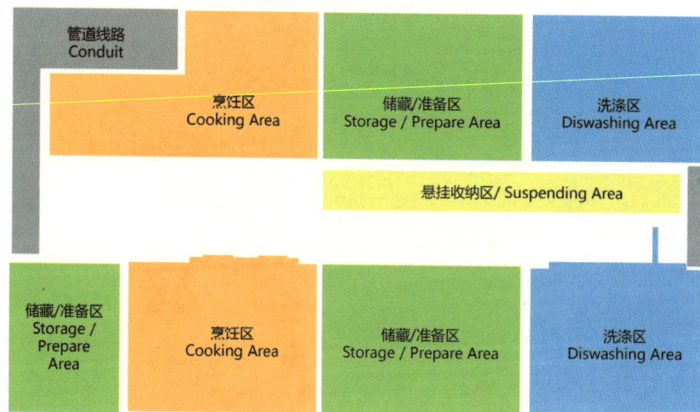

（c）

图 5-68（一） 橱柜设计案例（单位：mm）

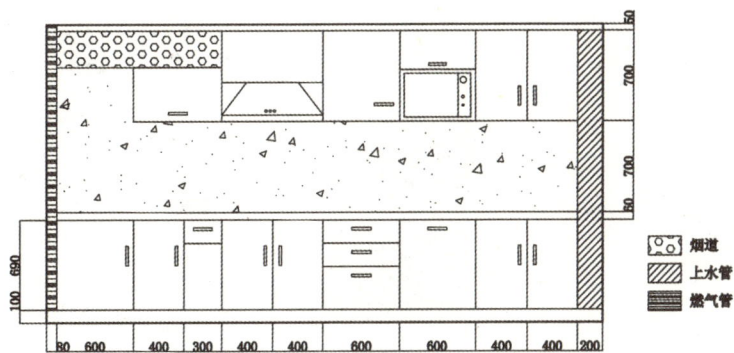

图例：
🔲 烟道
▨ 上水管
▦ 燃气管

橱柜尺寸图

（d）

大米
80×260×260

面粉
80×260×260

药品
300×200×100

枣、粉丝等干货
240×200×80

补品等
250×200×150

食用油
330×150×150

面条
300×200×100

（e）

垃圾桶
80×180×150

洗菜盆
130×300×300

保鲜膜
50×50×250

洗洁精
260×100×40

胶皮手套
240×120×20

菜罐子
300×200×160

酒具
320×120×150

饭盒
80×200×130

豆浆机

水果盆
80×260×260

杯具
280×80×160

茶具
340×180×120

（f）

图 5-68（二）　橱柜设计案例（单位：mm）

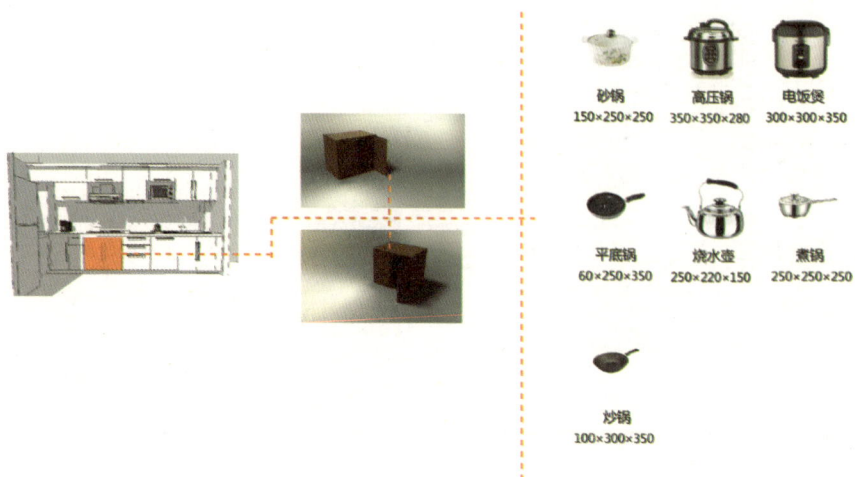

砂锅
150×250×250

高压锅
350×350×280

电饭煲
300×300×350

平底锅
60×250×350

烧水壶
250×220×150

煮锅
250×250×250

炒锅
100×300×350

(g)

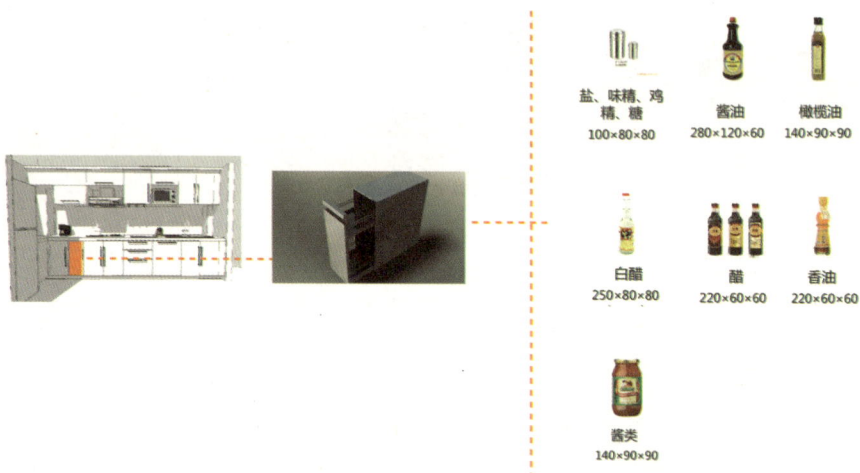

盐、味精、鸡
精、糖
100×80×80

酱油
280×120×60

橄榄油
140×90×90

白醋
250×80×80

醋
220×60×60

香油
220×60×60

酱类
140×90×90

(h)

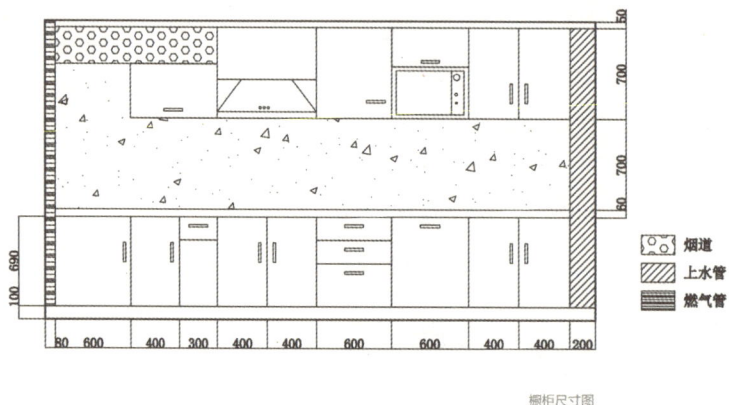

烟道
上水管
燃气管

橱柜尺寸图

(i)

图 5-68（三）　橱柜设计案例（单位：mm）

橱柜的设计更多集中在对功能性和使用人性化方面的考虑。外观的
设计已经不再是研发的重点。这是一个小户型的厨房设计实例，在
厨房设计中，首先要根据需要进行功能分区，然后根据不同分区内
所放物品的尺寸进行尺寸设计

图 5-69 时尚的现代厨房

随着人们生活水平的提高，厨房已经被赋予了很多时尚的元素，也逐渐成为家庭主妇们快乐的工作领地。所以在厨房的设计中，更是增加了很多功能。这是一个集收纳、做饭、洗衣、储藏、休闲于一体的时尚又实用的厨房设计。不同的功能分区清晰明确

图 5-70 利用转角的空间把不同物品分类放置

（a）

（b）

图 5-71　不同区域内抽屉放置的物品不同，橱柜设计的细化和模块化
是未来的一个趋势。有序的收纳和储藏使厨房变得井井有条

2）衣橱。衣橱不一定很昂贵，但一定要把衣物排列整齐，一目了然，取用方便。

衣橱设计时首先要知道你所要放置物品的尺寸，如大衣就要留出 1.5m 左右的高度空间，否则尺度太小大衣会堆在柜里，产生皱褶。此外抽取式的橱架用来储藏小件衣服也是很理想的。在衣柜的顶端安放射灯比较方便拿取衣物。见图 5-72～图 5-74 举例。

（3）学习区的储藏空间。近来，随着 SOHO 一族的增加，家庭办公也变得时尚起来。

1）空间及家具的选择。对于家庭办公室来说，储藏形式有很多种类，从橱柜到橱架，可以把所有办公用品都储藏在柜门后面的办公台或柜子里。不管什么情况，办公环境都要符合人的行为特点。

家庭办公一般都比较小，或仅是房间中的某个角落，因此，一般以功能性为主，对使用方式和布局规划，一定要有远虑，要提供足够的空间贮藏你的设备、用品、纸张等。一般小的包括电脑、打印机、电话、文件、办公用品；大的包括提供客人用的工作台、开会用的会议桌和更多的储藏家具以及存放文档书籍的柜架。图 5-75～图 5-82 列举了一些常见的办公家具及空间布置，功能的合理性永远是第一位的。

2）实例分析。各种实例见图 5-83～图 5-86。

图 5-72　开放式衣柜，不同衣物分类放置

图 5-73　开放式衣柜，不同衣物分类放置，
还可以根据需要变换搁板

图 5-74　衣柜内部的有序划分

图 5-75　书柜

图 5-76　书架

图 5-77　办公用品的分类放置

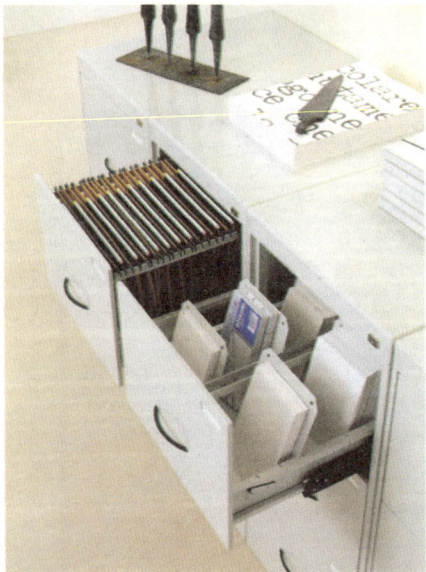

图 5-78　办公用品的归类，方便实用

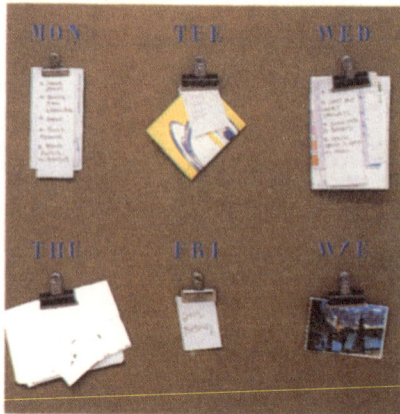

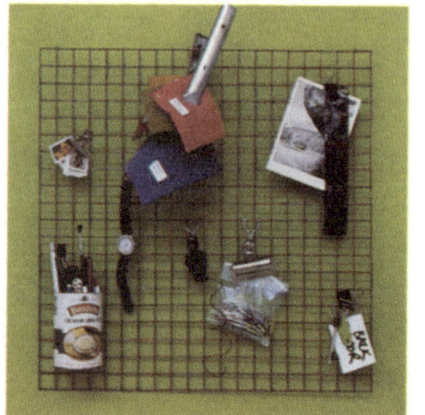

图 5-79　办公用品的分类放置，方便使用，又不占用空间

图 5-80　多功能电脑桌，可以摆放工作时需要的必备品

图 5-81　把家中的一角作为工作室使用

图 5-82　充分利用空间的家庭工作室

图 5-83　学习空间及家具选择案例一

这是一个功能比较齐全的书房，宽大的 L 形工作台，能容纳家庭办公所需的各种用品，同时可以在工作台上进行画图、书写等工作；带滑轮的工作椅可以在这个空间中自由移动；桌面上方的记事板被放在人所触手可及的地方；桌子下方的推柜和上方的吊柜不仅能放置较多的物品，而且在尺寸上也符合人们的活动范围，不用费力就可拿到自己想要的物品；墙上的装饰画错落有致，增加了美感，使工作室更富艺术气息。在这样的工作室里工作，效率和质量都会大有提高，而且心情也不错

(a)

(b)

图 5-84　学习空间及家具选择案例二
(a) 多功能工作区；(b) 多功能工作区柜门开启时；(c) 多功能工作区柜门关闭时
所有的工作用品都放在柜子内部，把柜子的门关闭的时候，整个视野中只有完整的柜子，当工作时把柜子打开，就是一个非常齐全的家庭工作室，(a) 在柜子的底角还安了滑轮，可以根据需要变换位置，非常适合小空间的利用。

(c)

中平行布局的局部效果

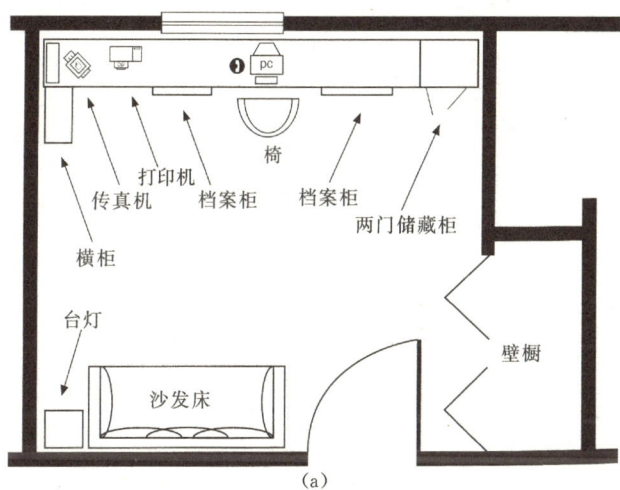

(a)

图 5-85　学习空间及家具选择案例三

（a）是一个平行式的布局，工作台和房间是平行放置的，电脑放在桌子的中央，两边分别放有办公设备和文件柜；由于是专门的工作室，所以可以摆放接待客人的沙发；门的旁边是一个大的储藏柜。整个空间简洁、利落、规整，有很宽余的走动空间；

（b）是把工作台设在了拐角的地方，会客区更加完善，放置了两把椅子和一个茶几，这种布局使空间被规整的划分成几部分，显得干净明了

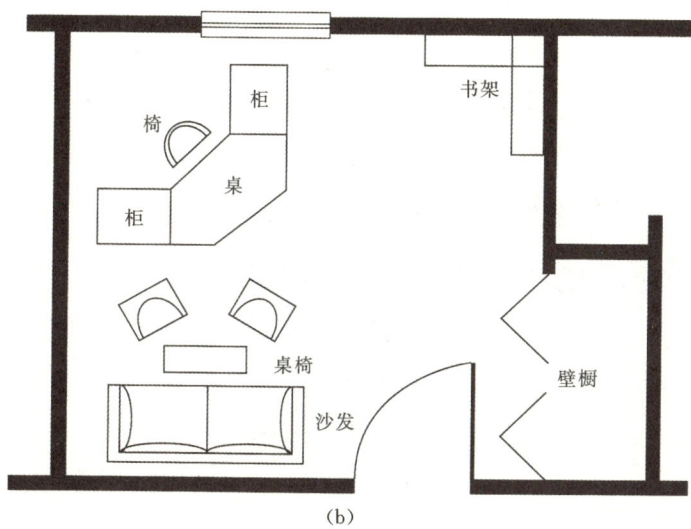

(b)

(a)

(b)

图 5 - 86   学习空间及家具选择案例四。图
(a)、(b)、(c) 是利用家中某个角
落作为工作室的三个例子
(a) 在卧室中靠窗的角落开辟出
一个工作区域，转角工作桌充分利用
了空间，简单的工作用品和设备都
可以容纳；(b) 在客厅靠近窗户的
角落开辟出一个小而全的工作区；
(c) 利用房间的一面侧墙改造成
一个小型的工作区，绘图桌和电脑桌
相对而设，通顶的书柜不仅富有视
觉冲击，而且非常实用，各种不同
的文件、资料被分类放置，井然
有序

(c)

（4）家居光环境。

1）实例分析。照明是一种既能为室内装饰增色，又能将完美效果毁之殆尽的因素，也能为空间创造一个兼具功能和诗意的迷人意境。家居照明一般可以从三个方面考虑：背景照明、工作照明、装饰照明。

背景照明主要起到空间的整体照明的作用（如图5-87所示）。工作照明主要集中在工作区域、操作区域等，使人能近距离地做精细的作业（如图5-88所示）。装饰照明主要是装饰物或特殊效果的照明（如图5-89所示），可以用一些带颜色的射灯，但不宜过多，装饰照明太多会破坏室内的整体效果，点到为止，才能起到画龙点睛的作用。任何一个富有层次感的室内空间都少不了这几种照明形式。

这里侧重讲一下工作区的照明，因为光线的好坏直接影响到人们的效率、工作质量和健康。台灯、落地灯、多角度可调试夹灯有重点地照在工作区域，并且保证不产生炫光，是一种理想的选择方式。图5-90所示为图书馆室内光环境案例。

2）常用的方便装设插座或灯具的地方。室内方便人们装设插座或灯具的地方有：①电视机背面；②大衣柜里面；③门厅；④靠窗；⑤吊柜的底部；⑥有玻璃门的小柜子；⑦床后面；⑧梳妆镜上方。

从人体工程学的角度考虑，安全也是家居设计的关键，电线的设置对安全极其重要。布线不好也会破坏房间的美观，电线尽量设置在家具如柜子、桌子底下或踢脚板内，有干净的白色或黑色较好。

3）光环境评价。室内光环境包括自然采光、人工照明和照度等评价指标，由于不同的人在不同时间、不同环境和从事不同的活动对光照强弱的求差异很大。因此，对室内光环境的评价应针对特定环境中的特定群体进行。目前，从北京、广州、深圳等我国一些主要城市的室内光环境调查如下：①起居室。最大照度 E_{max} 可达74～454lx，最小照度 E_{min} 为24～191lx，平均照度 E_v 为60～348lx，一般在75～100lx；②主卧室。最大照度 E_{max} 可达37～351lx，最小照度 E_{min} 为29～273lx，平均照度 E_v 为31～315lx，一般在50～75lx；③次卧室。最大照度 E_{max} 可达32～290lx，最小照度 E_{min} 为一般低于50～75lx，照度 E_v 一般在50～75lx；④餐厅。一般在75lx；⑤厨房。一般在50lx；⑥卫生间。一般在50lx。

图5-87　图中的吊灯和筒灯是背景照明，对整个空间的亮度起作用

图5-88　轨道式射灯安放在操作台的上方，便于人们作业

图5-89　装饰性照明使这面具有特殊材质的装饰墙拥有了突出效果

(a)

(b)

(c)

(d)

(e)

图 5-90 图书馆室内光环境案例

(a) 和 (b) 是图书馆的室内空间，整个空间采用很大的挑高，并用大玻璃幕墙的形式充分利用自然光。同时吊灯构成了背景照明。每一个阅读桌上都设有独立的台灯，灯光的亮度可调。这几种不同形式的照明，使阅读者能更好地进行阅览；

(c) 和 (d) 是书架照明。图书馆的照明不仅需要有柔和的背景照明，而且书架也需要有自己的照明，这样可以保证拿取图书的方便性；

(e) 为专门为老年人准备的放大镜，同时又是一个小台灯，既避免眩光，又保证了阅读区域的重点照明，是一种很人性化的设计

5.3.3 商业空间设计

商业空间设计往往以独特的空间造型、新颖醒目的商品陈列、五光十色的照明设计以及变幻无穷的展示家具等，使顾客目不暇接，吸引顾客在观览中驻足。

商业空间环境设计的主要作用是：以店堂的丰富空间和完美的装饰手段，展示商店的功能内涵与性格特色，吸引顾客的观览兴趣，诱发顾客的购买意识及购物行为，对商店本身的经营活动产生积极的推动作用。

1. 商业空间的规划设计

（1）主要设计内容。商业空间环境设计的内容十分丰富、包括店堂平面布局，商品展示柜、橱柜，销售商品的柜台，贮存商品的仓库空间设置，室内照明的灯光设计，通风及供冷暖设备设计与安装，宣传广告及空间美化等许多内容。

从人体工程学的角度来讲，百货商店的设计要使营业大厅宽敞，地面、墙面、柜台、栏杆等顾客经常接触的部位，要使用便于清洁和经久耐磨的材料。通风、采光设施要保持良好，大型百货商店还应设置空调。营业部位的设置要根据商品特性进行安排，日用商品宜设在最方便的地方，贵重商品可设在楼上，笨重商品可以安排在底层或地下室。

顾客流动路线和货物进出路线要在最初设计时就予以合理安排，避免交叉。安全消防措施要严格执行国家规范。在空间隔断和柜台货架的平面布置上，要有较大的灵活性，这是为变换经营商品时所考虑的。

（2）设计原则。

1）功能与形式的统一。坚持功能合理、环境美观、灯光适量、技术先进、经济节约、方便销售的总体设计原则。

2）追求个性，追求本身建筑空间的特点。只有这样，才能吸引顾客，给顾客留下深刻印象，达到设计和装修的目的。

3）注意商店本身经营产品的特点。像服装商店，一般都是开架售衣，家用电器商店，一般都是展台售货，自行车摩托车商店，则不需要什么展示商品的柜橱。

4）交通流量和防火安全是非常重要的。商店必须保持有足够的出入口，供紧急时顾客疏散使用。购物空间的顾客通道必须保持一定的宽度，防止人多时过分拥挤。

5）要注意经济适用的原则，注重实际效果和经济效益。

6）设计时要充分考虑店堂空间中的声音、光线和空气温度、湿度等方面的因素。商场中可以使用背景音乐，以减轻人与人的轻声说话产生的噪音。天花板要有吸音的作用，不致使嘈杂声产生共鸣。灯光要首先注意色温，其次注意照度。使商品在灯光下能呈现正常色彩。

7）设计配置时，要考虑到顾客心理、生理上的因素。譬如日用消费品像肥皂、卫生纸等，国内商店一般都放在商店入口处，使顾客不感觉为负担，买了就走。

8）避免顾客的主要流向线与货物运输流向线交叉混杂，要求各个分区明确。

（3）购物心理对购物环境的要求。人们的购物心理和行为多种多样，因此对购物环境也有着相应的要求，依据人们对购物环境的一些基本和普遍的要求，归纳为以下5点。

1）便捷性。店内店外都要方便购物的通道和设施。

2）选择性。店内同类商品集中摆放以便于顾客选择。

3）识别性。店面设计要有特色，能给顾客留下深刻印象。

4）舒适性。周边环境（如停车场）、店内空调、空间明亮、电动滚梯等都是保证舒适的购物环境所必需的。

5）安全性。店堂必须保证有足够的顾客个人空间，防火设备、安全避难通道等必须齐全，给顾客安全感，另外，货真价实和热情的服务也能给顾客安全感。

图5-91~图5-96是一些购物环境的实例照片，好的环境可以极大地刺激人们的购买欲望。

2. 商业空间的形式和特点

商业空间的形式与所销售的商品密切相关，不同商业店堂空间满足不同消费者、不同场合的需要。常见的形式有以下6种。

（1）售货厅。以小型简单实用为宗旨，选择地段和外观造型也非常重要。

（2）中小型商店。包括服装店、首饰店、鞋帽店、电器店，眼镜店，中小型百货店等。电器店、鞋帽店和服装店多数设计成开放式空间，便于顾客挑选。而金银首饰店为了防盗一般以展柜形式陈列。

（3）中小型自选商场。要求简洁明亮，无过多装修，注重功能性。

（4）大型百货商场。商品齐全，一般按层陈列商品，同类商品集中摆放，便于购买，在醒目的地方放置购买引导牌，方便不同需求的人进行不同区域物品的购买。

图5-91 实例一
　　红色成为该品牌的主色，一目了然的展品和显眼的"满600送5件套"的海报，对购买者都是一种很大的诱惑

图5-92 实例二
　　现场制作、包装和售卖面食，使人在心理上感到一种放心和安全

图5-93 实例三
　　倾斜分层的陈列货品，使购买者可以自由地选择想要的物品

图5-94 实例四
　　相同物品集中摆放，通过不同颜色的货柜进行区分

图 5-95　实例五
　　明亮、简洁给人轻松愉快的心情，中间放置的座凳不仅方便试穿，也可以休息

图 5-96　实例六
　　宽敞有序的通道，色彩鲜艳的小海报，丰富齐全的商品，在这样的环境中
人们会不自觉地产生购买的欲望

（5）超级市场。注重功能性，与自选商场类似，通过计算机管理。

（6）购物中心。功能齐全，集"逛、购、娱、食"于一体的公共空间，由于空间相对较大，在楼梯或角落里开辟出小的休息区域是非常必要的。

3．设计实例

实例一：图5-97为某商场平面规划效果图，从人体工程学的角度分析，在设计时可注意以下几点：

（1）在自动扶梯上下两端，由于连接主通道，周围不宜挤占、摆放物品，应留出最少1000mm的距离。

（2）商场的平面规划要体现展示性、服务性、休闲性、文化性。

（3）注意通道距离，一般主通道不超过3000mm，柜架之间的通道宽度。

（4）大的商场还要设置顾客休息角、冷热饮区、吸烟区。

（5）合理地利用建筑本身的柱网，使之和柜台展示巧妙地结合在一起，既充分利用了空间又起到了美化的作用。

实例二：图5-98是一个化妆品售卖柜台，采用倾斜式台面，便于观看和拿取。一般倾斜面的最低处距地面800mm左右，最高点距地1200mm左右。

实例三：图5-99是某化妆品柜台的不同立面的尺寸图，供设计时参考。

实例四：图5-100为某柜台的立面设计。

实例五：图5-101为某大型购物中心平面规划图，图中标示出主通道各个不同的销售区，各个区域划分明确，化妆品区还进行了一定的造型处理，目的是充分利用空间。

实例六：图5-102为利用建筑自身带有的柱子，进行了特殊设计后，不仅充分利用了空间，还起到了展示商品，宣传商品的目的。

实例七：图5-103是一个开放式的销售区，它的好处在于顾客可以近距离的接触商品，但占用的面积要比封闭式布局大一些。图中的展示架一般高度在1500mm左右，以不阻挡人的视线为宜。

实例八：图5-104中的模特设计成为这个区域的亮点，它同样可以起到吸引购买者的效果。

实例九：图5-105中各式各样的鞋，琳琅满目，整齐的摆放在展架上，展架都不是很高，但却非常便于人们拿取试穿，在鞋的售卖区，座椅是最不可缺少的。

实例十：图5-106中高展示柜、中高展示柜、展架和矮展台的组合，在视觉上给人错落有致的层次感。不同颜色的衬衣整齐地分格码放，同样考虑了人的视觉特点，所有的衣服都放在人眼可及的范围。

此外，在设计高展柜时要注意尺度上的合理分配。高展柜一般分成四段：第一段是距地面600mm的地方，主要是存放货品和杂物；第二段从距地面600～1500mm为最佳陈列区域；第三段是在1500～2200mm的高度，为一般陈列区，因为这一区域手拿不方便，但展示效果在中远距离观看比较明显；第四段是在2200mm以上的高度一般安放商品的广告灯箱，宣传画等。图中的高展柜，最下层是储放物品的，中间部位是人伸手拿取最方便的位置，主要用来放商品。

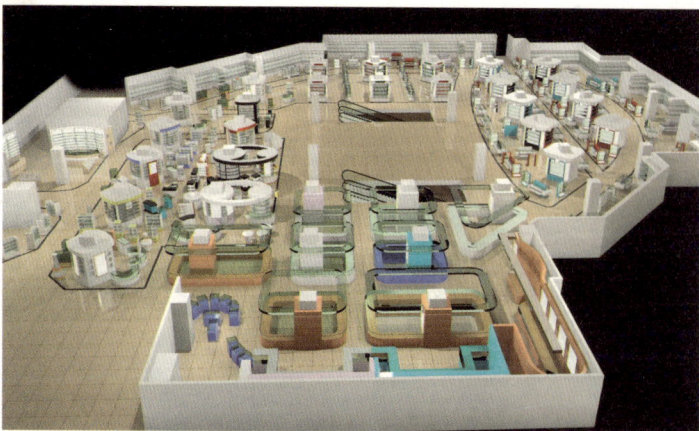

图5-97　实例一
商场平面规划

图5-98　实例二
化妆品柜台

图 5-99 实例三

化妆品柜台立面尺寸（单位：mm）

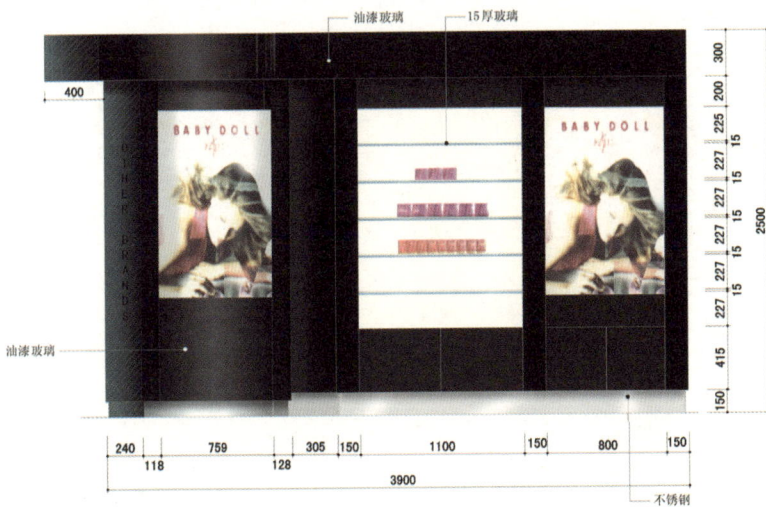

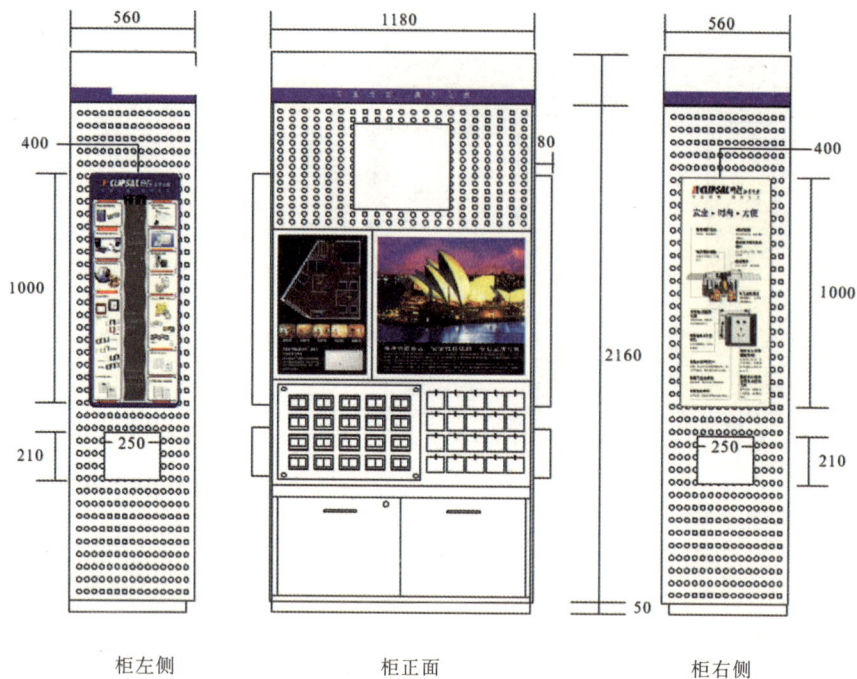

柜左侧　　　　　　柜正面　　　　　　柜右侧

图 5-100　实例四

某柜台立面尺寸（单位：mm）

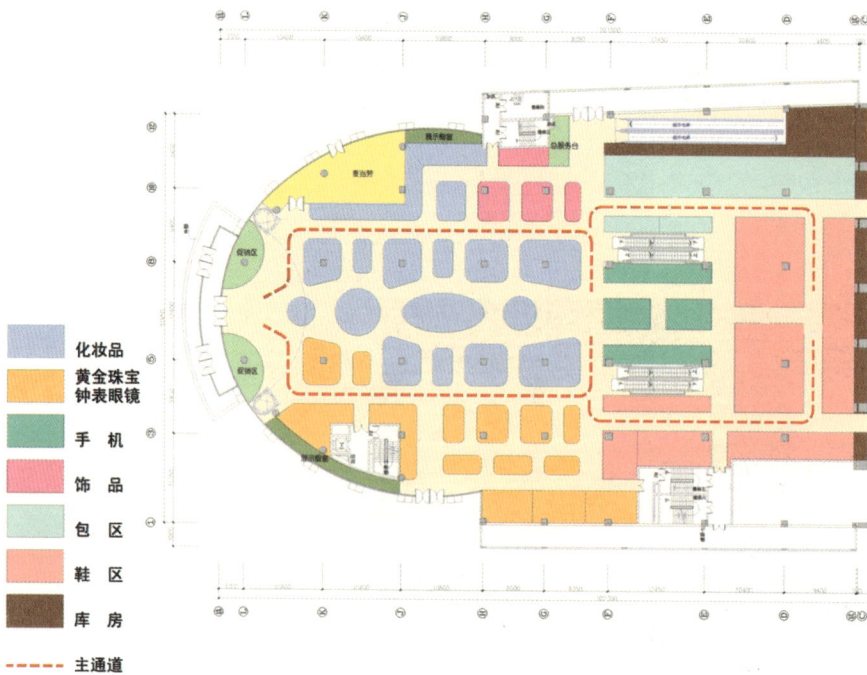

化妆品

黄金珠宝
钟表眼镜

手机

饰品

包区

鞋区

库房

主通道

图 5-101　实例五

购物中心平面规划图（单位：mm）

图 5-102　实例六
对建筑本身柱体的应用

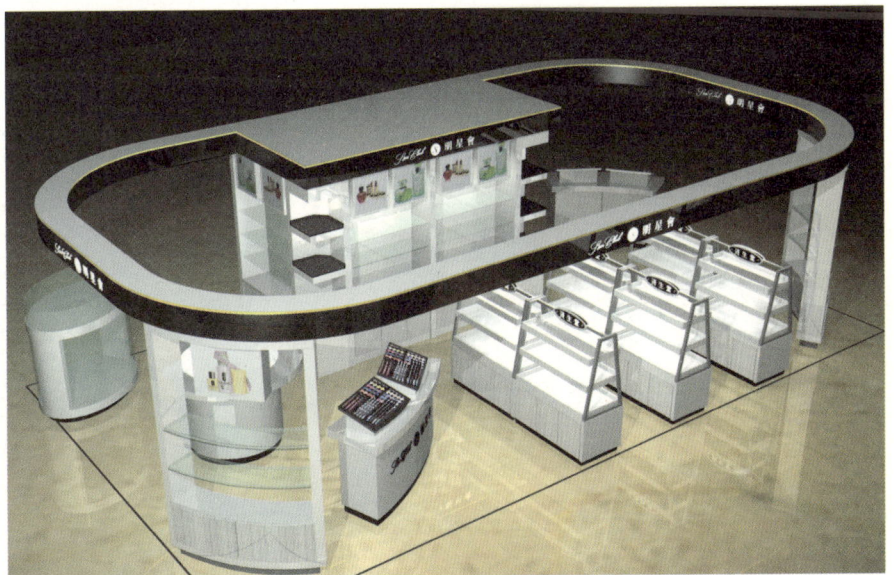

图 5-103　实例七
开放式的销售区

5.3.4 餐饮空间设计

1. 餐饮空间规划

（1）家具选择和设计。餐厅家具中，最重要的是餐桌椅和柜台（菜柜、酒柜和收银柜）。餐桌椅的造型和色彩要与环境协调，尤其是风味餐厅要有独特的文化氛围和特色。柜台整洁明亮，尺度合理。

（2）坐席排列。坐席排列要整齐，错落有致，不能互相干扰，要便于交流和就餐，同时也要留有足够的起身等就餐活动空间。结合隔断、吊顶和地面升降等空间限定因素进行布置，餐厅内设计成高低不同的就餐空间能够产生立体空间感，丰富视觉空间。

（3）平面规划。平面布置要满足就餐的要求，同时要留有充足的过道，保证来往的就餐者和服务员的正常通行。同时还要考虑空间的特殊结构，充分利用空间。案例一至案例七如图5-107～图5-113所示。

2. 环境设计

（1）光环境。一般的大众型餐厅（一般餐馆、快餐厅、咖啡馆）的光环境要简洁明亮，尽量采用自然光，白天尽量不用人工照明，空间要尽量敞开。

酒吧和风味餐厅的光环境设计以暗色或暖色调为宜，照度不要太大，可采用暖色的白炽吊灯和壁灯，也可利用烛光点缀光环境。

宴会厅的光环境可采用明亮的温暖色调，白天采用自然光和灯光组合照明，多采用暖色白炽吊灯和吸顶灯，或带滤光片的日光灯。

（2）色彩环境。大众化餐馆一般采用明快的冷色调，如白色、灰绿色、浅橙色，给人干净整洁的印象即可。

风味餐厅、宴会厅与咖啡馆一般可采用典雅的暖色调，如砖红、杏色、驼黄色、银色和金色等。

（3）细部设计。窗帘、台布、插花、餐具的造型和色彩会影响总体空间视觉效果，要整体和谐、典雅，局部对比鲜明，并注意和服务员的服饰色彩协调，不要太统一，有一定色彩对比的效果更好。

在明显的通道处设置导引牌，方便顾客走动。

（4）音质环境。根据场合可放不同的背景音乐（一般以轻音乐为主），但是音量宜小，不影响同桌谈话。隔音效果要好。

图5-104 实例八
模特设计成为这个区域的亮点

图5-105 实例九
鞋区

图5-106 实例十
展柜组合

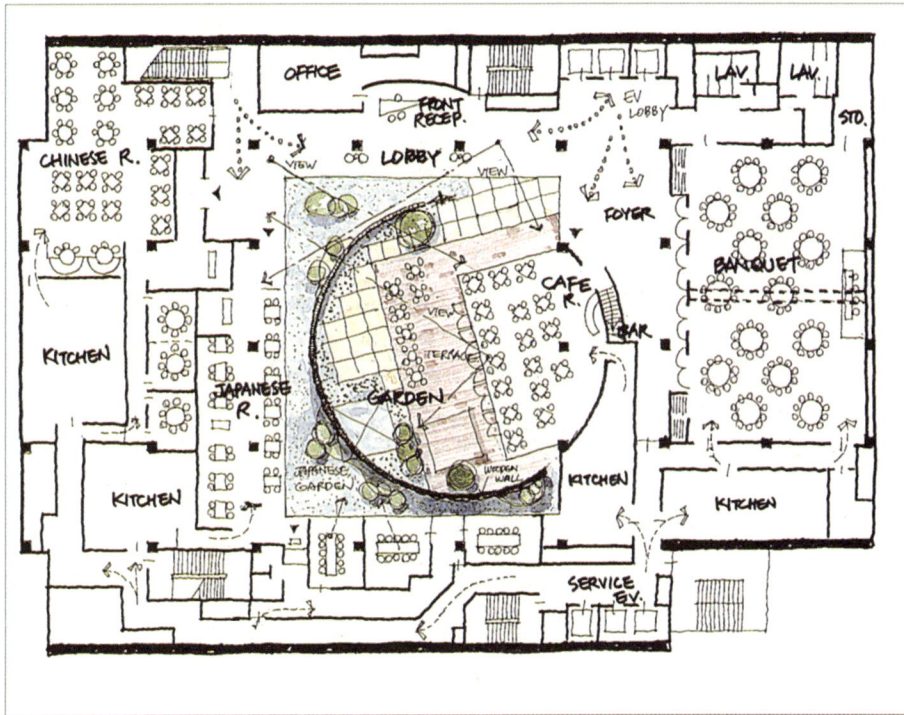

图 5-107 餐饮空间平面规划案例一
        某酒店人流分析

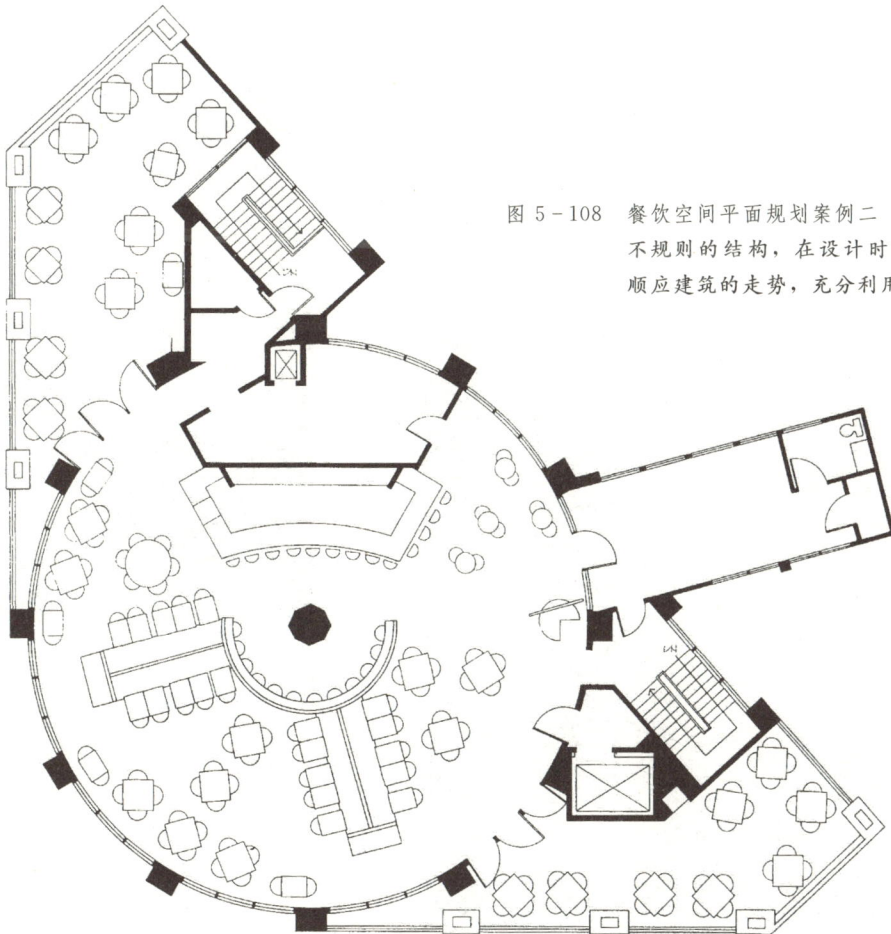

图 5-108 餐饮空间平面规划案例二
        不规则的结构，在设计时要尽量
        顺应建筑的走势，充分利用空间

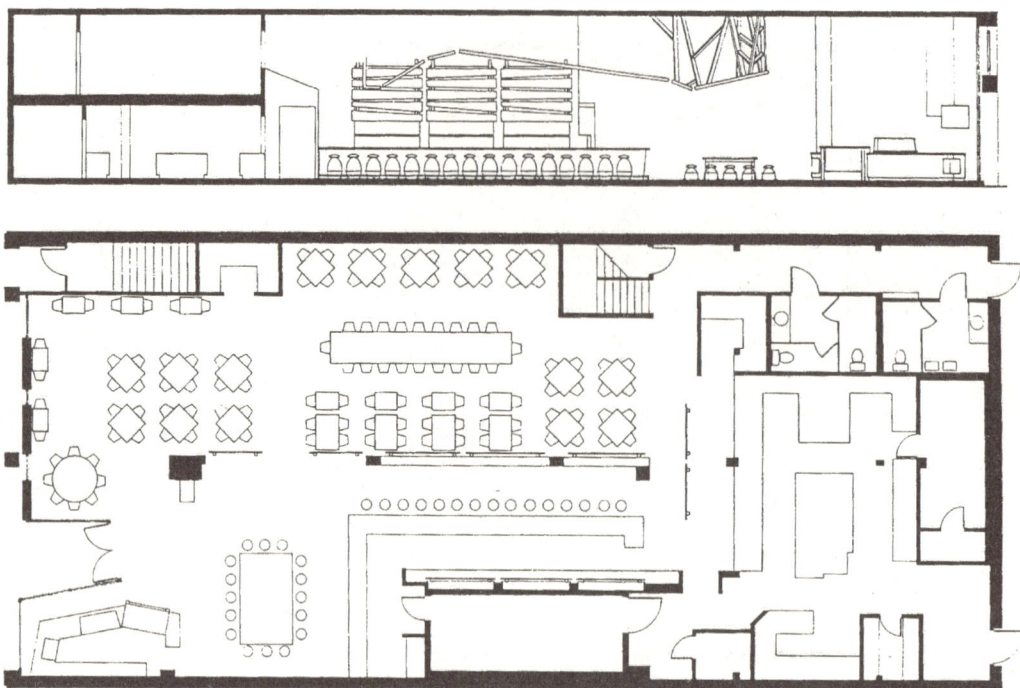

图 5-109　餐饮空间平面规划案例三
　　某咖啡厅的平面布置和立面设计，在平面布置上，功能分区明确

图 5-110　餐饮空间设计案例四
　　这两图在布局上基本相同，但由于采用的装饰不同，却产生了完全不同的效果，特色餐厅也正是通过这些布局上的细节处理，才形成自己独特的风格

图 5-111　餐饮空间设计案例五
　　　　　把名画家的作品印到桌面上，也能营造一种别样的氛围，怀旧、高雅、忧郁，还散发着一股浓浓的文化气息

图 5-112　餐饮空间设计案例六
　　　　　墙面的大胆处理，给人一种沧桑、狂野和一种怀旧情结

图 5-113　餐饮空间设计案例七
　　　　　特色餐厅也许只需要在某一些细节上下些工夫，就能收到意想不到的效果，图中的壁灯、斗笠、草帽似在向就餐者讲述着一段古老沧桑的故事

（5）通风与安全。保持通风和合适的温湿度也是就餐环境必不可少的条件。但是要注意通风与空调设备的遮音，防止产生影响环境的噪声。此外还要注意防火安全措施，防火设备和疏散通道的畅通。通透的备餐区和货架也能在心理上给人放心感。图5-114～图5-120为结合以上五个方面列举的各种案例。

3. 人—物—就餐空间的关系

在这三者中，人是流动的，物是活动的，空间是固定的，它们始终处于一个动态平衡。其中任何一个因素发生变化，都会引起其他两者的倾斜、运动，直到构成新的平衡关系，从而改变商店的构成形式，使其产生多种多样的类型。

在人和物的关系中，是一个交换的过程，即业主提供商品，顾客支付有价证券，如货币、支票、信用卡等。

在人和空间关系中，是一个活动的过程，没有活动的空间或场地，就很难实现顾客的购物活动、业主的经销活动。随着商品的增多，生活水平的提高，经营手段的改善，这种活动的要求越来越高，也导致空间形式和尺度的不断变化。

在物和空间的关系上，是一个物的放置过程，即商品的展示、陈运、运输和存储。随着科学的发展，这种放置形式、手段也在不断的进步和完善。

图5-114　案例一
红色的背景墙使白色的餐桌椅更加突出，红色和白色——火热和圣洁，给人较为强烈的视觉冲击力

图5-115　案例二
幽暗的灯光和夸张的色彩搭配使这个酒吧更具有强烈的神秘感

图 5-116　案例三
　　烛光特有的光感能营造出一种淡淡的忧郁、隐隐
约约的朦胧和一份恬淡的心情

图 5-117　案例四
　　大幅面夸张的卡通形象与矮小的家具形成了一种
富有戏剧性的特殊效果

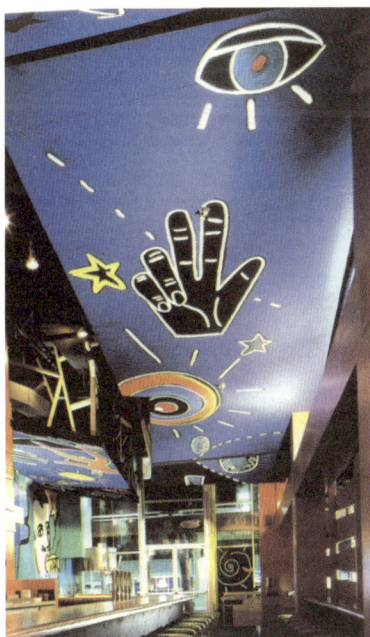

图 5-118　案例五
　　顶棚的处理也明显展
示了它特有的风格

图 5-119　案例六
　　透明的白玻璃橱窗，展示着翠绿鲜亮的蔬菜，旁边同样是透明的烹饪区，
这样的环境谁又能不觉得放心呢

图 5-120 案例七
开敞透明的烹饪操作区，各种腌渍好的腊肉整齐地悬挂在窗口，富有浓郁乡土气息的装修，营造了自然舒畅的就餐环境

4. 实例分析

（1）美食城。图 5-121～图 5-123 给出了几个美食城场景，美食城一般要包括以下几项内容：①库房；②厨房；③职员；④配餐；⑤厨所；⑥客席；⑦服务台；⑧单间；⑨收款台；⑩酒水柜；⑪存衣；⑫接待；⑬等候；⑭入口。

美食城的特点是：①用餐时间长；②环境幽雅具有私密性；③光色环境，热烈而暗淡；④餐具多，服务员多，占地大；⑤通风好，多数有空调设备；⑥有时还设有"背景音乐"或电视等娱乐设备。

（2）快餐厅。快餐厅的种类很多，多以经营者或其特色食品为名，如"麦当劳"、"肯德基"等，规模大小不等，小的只有一个厅，大的像一个"庄园"。快餐厅的特点，就是"快"，因此在内部空间处理和环境设计上应简洁明快，去除过多的层次。为加快流动，客人座位一般以座席为主，柜台式席位是国内外最流行的，很适合赶时间就餐的客人。在有条件的繁华地点，还可在店面设置外卖窗口，以适应顾客，快餐厅的食品多为半成品加工，故厨房可以向坐席敞开。室内外装修要简洁明快，便于清洗。图 5-124～图 5-127 给出了几个快餐厅案例。

快餐店一般包括：①厨房；②配餐；③站席；④坐席；⑤柜台；⑥办公室；⑦收款台；⑧等候；⑨入口；⑩休息室；⑪舞台；⑫洗手间；⑬服务台；⑭坐席区；⑮储藏室；⑯门厅；⑰接待。

（3）酒吧。酒吧的设计与大的饭店不同，它要体现更加轻松随意和不拘传统的特点，是年轻人喜欢的地方。每个交流区域面积不要太大，较好的私密性、神秘感和独特性会更吸引年轻人的注意，也是设计时的重点内容。酒吧设计实例见图 5-128 和图 5-129。

图 5-121　美食城局部

图 5-122　美食城中的大型餐厅

图 5-123　美食城一角

图 5-124　肯德基快餐店的外观设计

图 5-125　肯德基快餐店的内部设计

图 5-126　简洁明快的快餐厅

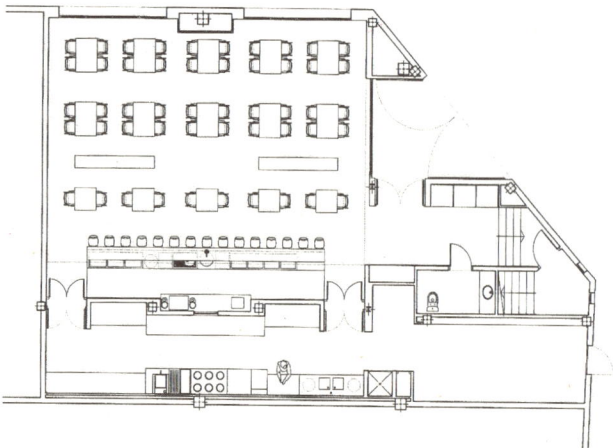
图 5-127　某快餐店平面布置，以简单、
　　　　　实用为主

(a)

(b)

(c)

(d)

图 5-128　酒吧 A 设计

（a）酒吧 A 内部 1；（b）酒吧 A 入口；（c）酒吧 A 外观；（d）酒吧 A 内部 2

(a)   (b)

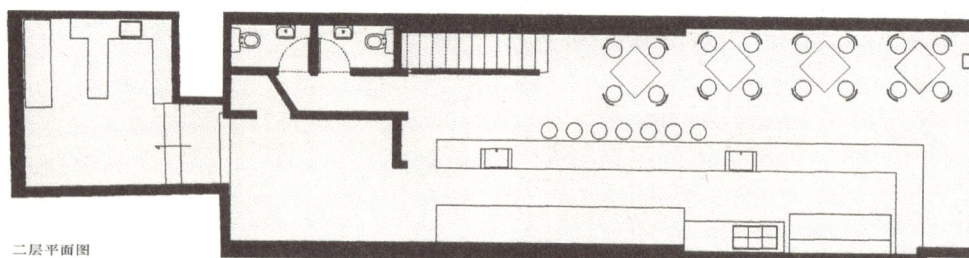

二层平面图

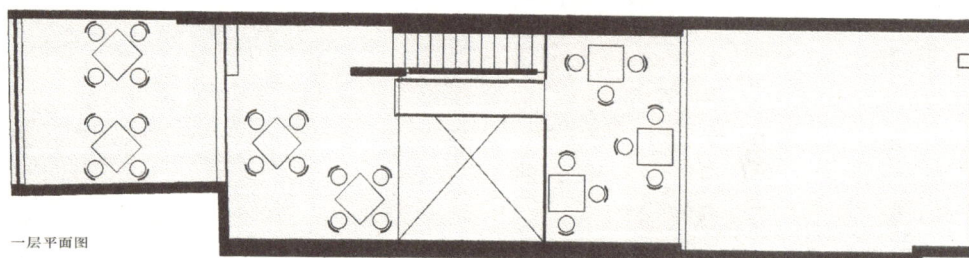

一层平面图

(c)

图 5-129　酒吧 B 设计

(a) 酒吧 B 内部 1；(b) 酒吧 B 内部 2；(c) 酒吧 B 平面布置图

5.3.5 展示空间设计

展示空间的设计不仅要求视觉效果独特，而且也要符合人们的观展心理和行为。

1. 观展行为习性

（1）求知性。这是观众的行为动机之一，要求在展品内容选择与陈列上是观众不熟悉的东西。

（2）猎奇性。这是人的行为本能，要求展品的布展有特色，能吸引观众。

（3）渐进性。人对知识的追求是一个渐进的过程，这要求展品的选择有一个完整的内容，而在展示时则分段或分部，按一定秩序布展。

（4）抄近路。这也是人们的行为本能，要求展品布置时，能满足观众的这一特点，少迂回，否则观众会绕道走过而不看展品。

（5）向左拐和向右看。多数观众进入展厅习惯向左拐（当观众较多时），而我国的文字书写是上下或从左到右，故展品的陈列次序，最好是从左到右，以便观众阅读，而展品的序言，最好设在入口的左端。

（6）向光性。这是人的本能，故展品陈列时，要有足够的亮度，又要避免眩光，陈列的背景要暗一点，故展厅最好采用高侧光或顶光。照度不够时，再加局部照明，避免展厅环境照度水平过高影响观展。

2. 展厅的定位特性

（1）特定的空间位置。不同展示空间都有自己的特点，最好在每个区域设有一定的标识，有助于观众判断自身的位置。这就要求展厅的空间设计应有一定的特点和标识系统。

（2）便捷路线。要使观众较快地明确自身位置，就要求展示路线设计更加简捷，不要过分曲折，否则会造成"迷宫"，使观众多走回头路。

（3）特殊视点。

1）出入口——展厅的出入口，其形态和标识要有显著的特点，以便观众记忆，特别是入口，要求有很明显的标志。

2）前进中的判断点——在同一展厅里，每一段展线，在起始点有一个明确的判断点，以便观众选择。

3）转折点——当展线较长需要转折时，在前后、左右、上下的方向判断点，也应有显著的特点并设指示标识。

3. 展示环境

（1）光环境。由于展示的原因，多采用高侧光和顶光，一般侧光用在其他房间。设计时更要特别注意避免眩光。可多采用人工照明。

采用人工照明须满足以下要求：

1）保证一定的光线照度，能让观众正确辨别展品的颜色和细部。

2）应使光线照度分布合理。

3）展厅内应避免光线直射观众和眩光。

4）灯具的布置要注意视觉效果。

（2）温、湿环境。一般展厅多考虑观众的温湿环境。但是对于特殊展品（贵重物品、书画等）以及永久陈列的展厅则要考虑展品的温湿度，一般采用空调系统，环境温度以 $20\sim30℃$ 为宜，相对湿度不大于 75%。

（3）休闲问题。展厅的休闲问题，不仅指观众休息室，而更多的是公共部分的空间，要有休闲的环境氛围及有关的公共设施。

4. 实例分析
各种实例见图 5-130～图 5-135。

5. 展示布局
展示布局有根据不同的展示内容，满足不同观展路线的要求，保证灵活性。常见的布局方式见图 5-136。

展厅面积的大小要根据展览内容的性质和规模而不同。展厅面积的几种推荐值见表 5-1。

6. 展具设计
展具主要包括展台、展架、展柜、支架、展板、灯箱等，图 5-137～图 5-140 就是一些实例图片。

表 5-1 展厅面积标准推荐值

展厅性质	展厅面积标准推荐值（m²）	备　注
地区会议中心兼作展厅	净面积：1000～1100 总面积：1800～2300	附设在贸易中心或会议中心内
商品展销厅	净面积：2300 以上 总面积：4600 以上	商品展销期以 7～30 天为宜
大型展览会	净面积：5000 以上 总面积：10000 以上	相当数量的展厅可达 2700m²

图 5-130　展示环境实例一
这是一个对空间和灯光进行了特殊处理的展厅，营造出一种神秘、奇幻的效果。展厅留出了充足的通道，展台也设计得别有特色，和整个环境相得益彰

图 5-131　展示环境实例二
开敞式的家具展示厅，以展台的形式展现物品，使人一目了然。对于家具还可以从不同的角度观看，其造型和做工都展现出来。聚光灯打在展区上方，使展品更加清晰可见

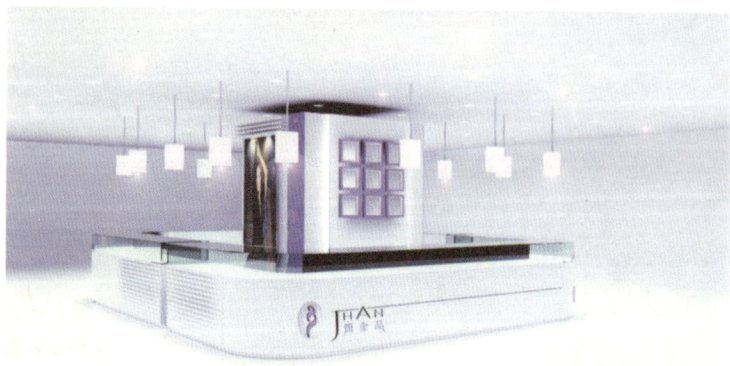

图 5-132　展示环境实例三
化妆品柜台以蓝紫色为主要基调的化妆品柜台，给人纯净、圣洁的意境，年轻女性对这种色彩的偏爱也预示了它的购买人群。四周悬垂的白色吊灯不仅具有一定的装饰作用，同时也能更加清晰地观看商品

图 5 - 133　展示环境实例四
　　以上两个展区在入口的地方进行了大
胆的灯光设计，大幅的招贴画和粉红
色的门柱与黑色的背景墙产生强烈的
对比，富有很强的视觉效果，使人在
很远处就可看见

图 5 - 134　展示环境实例五
　　这是一个博物馆的展厅，轨道式射灯是主要
的照明方式，自由开敞的布局，便于观看，
在展厅的中间还摆设了休息的座椅

图 5 - 135　展示环境实例六
　　这是一个画廊，采用筒灯和轨道射灯作为照
明方式，踢脚板上方的紧急出口的指示牌也
很醒目，双排展示画的高度也要按照人的观
揽视线的特点放置，不能摆得太高

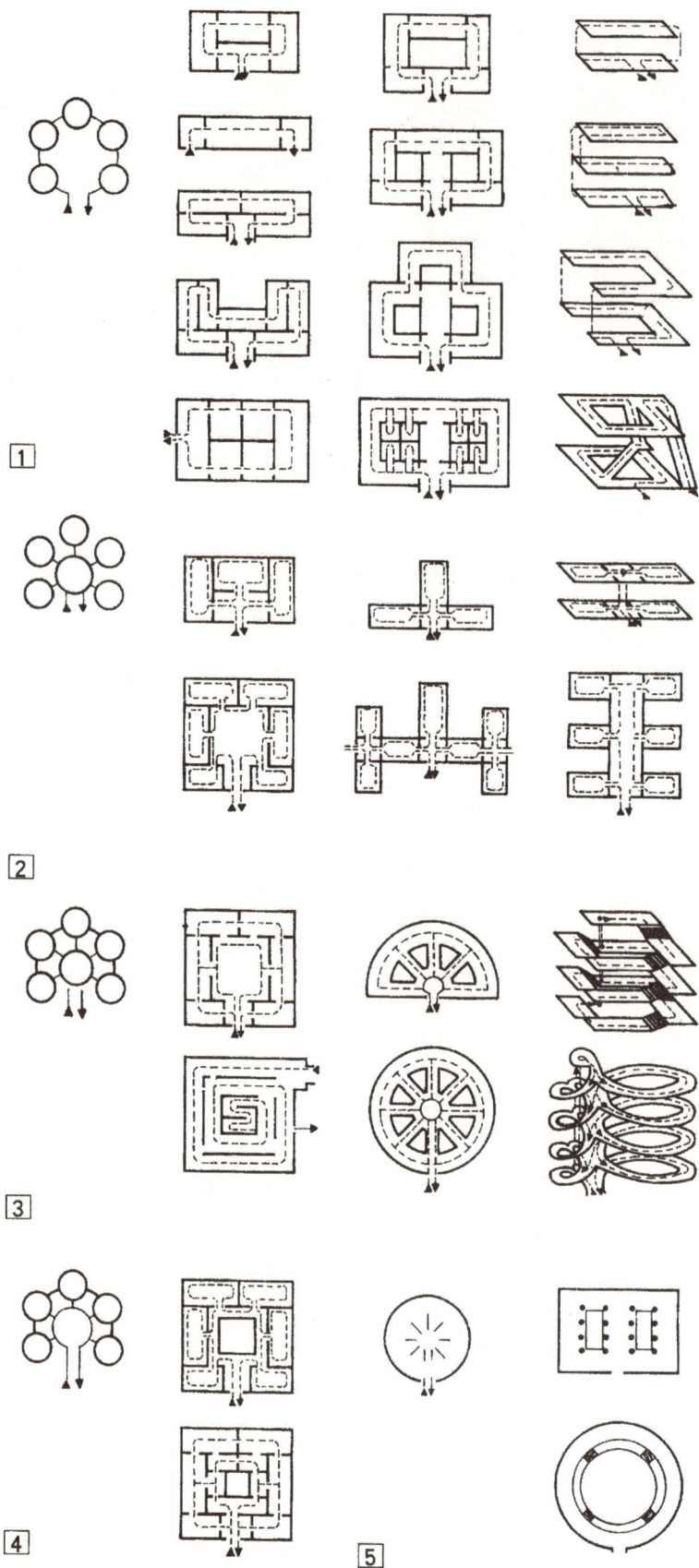

图 5-136　陈列区布局类型

图 5-137　展台

图 5-139　灯箱

图 5-138　展柜

图 5-140　支架

(1) 尺度设计。

1) 展柜。

a. 高展柜。

高度 180～240cm，通常为 220cm。

长度 160～200cm，通常为 180cm。

宽度（深度）为 45～90cm，通常为 60cm 或 70cm。

如果带底座或腿的展柜，其高度在 40～90cm 之间。此外高展柜的顶部要有灯槽，以便使展柜内照明充分。

b. 矮展柜。

矮展柜分平面柜和斜面柜两种。

平面柜总高为 105～120cm，长度为 120～140cm。

斜面柜总高约在 140cm 左右；宽度（深）70～90cm。

c. 桌式和立式展柜。

桌式展柜（平柜）的底座或腿高约 100cm 左右，总高 140cm 左右，内膛净高 30cm 左右。

立式展柜的总高度 180～220cm，底屉板距离地面 80～100cm。

d. 布景箱。

布景箱总高度 180～250cm 以至更高，深度 90～150cm 以至更深。

2) 展台。摆放展品面积比较大的实物展台造型有平直式、斜边式和阶梯式三类。矮的只有 5～10cm，高的 15～40cm，通常高为 20cm。展台的宽度 60～150cm，其中宽度以 70～90cm 的居多。

只摆放少量或单件展品的展台，形状多为简洁的几何形体，尺寸变化的幅度较大。比如立方体的平面尺寸有 20cm×20cm、40cm×40cm、60cm×60cm、90cm×90cm、120cm×120cm，或者是长方体、圆柱体、三棱体，尺寸有 20cm×40cm、40cm×60cm、50cm×100cm，或者 $\phi30～80cm$；在高度上有 20、40、60、80、90、120cm 和 150cm 等多种。

3) 屏风。一般屏风高度为 250～300cm，单片宽度为 90～120cm，独立式的宽度 350～800cm。具体多宽多高较为合适，这要看展厅空间的大小和展示的需要。

墙面和展板上的展品陈列地带，从距离地面的 80cm 起（也可以从 90cm 或 120cm 起），上至 320cm。因受观众参观角的限制，陈列高度不宜超过 350cm；通常陈列高度是在距离地面 80～250cm 之间。大幅的照片或绘画可以挂在 220～350cm 之间的高度上。展板的底边通常距离地面 80～110cm。

4) 画镜线。展厅内的画镜线高度一般是 3.5～4m，国际惯例是 3.8m。画镜线通常用木条、铝合金或槽钢制作。

表 5-2 列出了展示道具的参考尺寸。

表 5-2   展示道具尺寸参考值   单位：cm

道具类别		长	宽或深	高		备注
				h	H	
柜类	立柜	180～240	45～150	40～80	180～220	展画柜深 40
	平（桌）柜	120～150	70～150	40～80	120（平），140（斜）	柜膛净高 20～30
	布景箱	≥2B	150 以上	同立柜		
台类	高展台	40～160	40～140	40～140		一般高 60、80
	矮展台	任意	70～90	10～30		
屏障类	屏风	200 以上	10 以上	80	300 左右	
	隔板	200～400		200～350		
	展板	60～180		80	180～240	
栅柱类	栏杆柱	柱$\phi1.5～3$	座$\phi15～30$		55～90	座高 0.5～25
	方向标	柱$\phi4～10$			160～220	
	说明牌	40～120			80～140	

道具类别		长	宽或深	高		备 注
				h	H	
框架类	画框	40～250	2～20	下沿距地 80	上沿距离 200～350	
	托架	按需要	同左	10～200		
	花架	60 以上	一般 30	50～120		
零件类	包角	3～10	厚 0.3 左右	3～10		
	角卡	3～10	厚 0.3 左右	3～10		
	合页	3 以上	厚 0.2 左右			宽 1.5 以上
	挂钩	8～10	3 左右			
	卡子	2～8	2 左右	3 左右		
	暗锁	3 以上	1.5 以上			
标牌类	标题牌	90～240	厚 2～4	宽 30 以上		
	广告牌	宽 150 以上		200 以上		
	说明标签	7～20		5～12		大的 90×120
	价目卡	7～12	75	5～8		
观众用具	饮水台	120～140	同左	70		
	污物箱	25～40		0～120	140	
	其他	包括休息椅、沙发、茶几等，尺寸同日用家具				

注 h 为下沿到地高度；H 为总高；B 为深度。

（2）展示中的视觉关系。竖向视角 α 在 $20°\sim30°$ 之间，通常定为 $26°$。能够看到物体全貌的正常的横向视角 Q 不大于 $45°$ 较为恰当。

有了恰当的竖向与横向视角，视距也必然就合理了。视距一般应该是展品高度的 $1.5\sim2$ 倍，通常按展品高度的 1.5 倍来考虑。展品大时，视距必须大；展品小时，视距应该小。

视距也与展厅内的照度有着直接的关系：展厅内光线充足、照度较高时，视距可以大；反之，视距应该小，这样才能看清展品。

从对视觉的科学分析中得出如下几种视觉运动规律，参见图 5-141。

1）展示陈列区域一般在 80～320cm，不宜超过 350cm。

2）最佳展示高度在 127～187cm。

（3）通道设计。展厅里通道的宽度，一般按 3～5 股人流并行来计算（每股人流宽 60cm），主通道宽 8～10 股人流，次通道宽 4～6 股人流。最少应为 2～3m，单向的通道为 3～4m，双向通道应为 5～6m，甚至更宽些，以免产生拥挤现象，妨碍参观。展品高大而且需要环视

时，周围至少应该有 1.8～2m 宽的回旋余地。通道设计见图 5-142。

5.3.6 老年人和残疾人的生活空间设计

近年来，老年人和残疾人等行动不便的人，进入公共建筑的方便性问题，引起了人们的极大关注。例如在火灾报警时，对于聋子应提供视觉信号，而对于盲人则提供听觉信号。在步行商业区，有时候应提供盲文地图，供盲人辨认。

1. 老年人
一些对老龄化研究的机构经过调查得出以下结论：

"随着我国老龄化的迅速发展，老年人问题日益突出，其中老年人行动能力和视力的退化，影响了老年人自身的工作、学习和生活质量"。

"由于各种原因，大部分老年人的身高比他们年轻时矮 5%。随着年龄的增长，眼睛的聚焦速度变慢，人的辨别色彩的能力减弱，经常对绿色、蓝色和紫色分辨不清。"

"老年人由于生理上的变化，使各项人体测量数据比正常人都减少很多，例如一般妇女 60 岁时比 40 岁时矮 4cm，70 岁比 40 岁矮 7cm。"

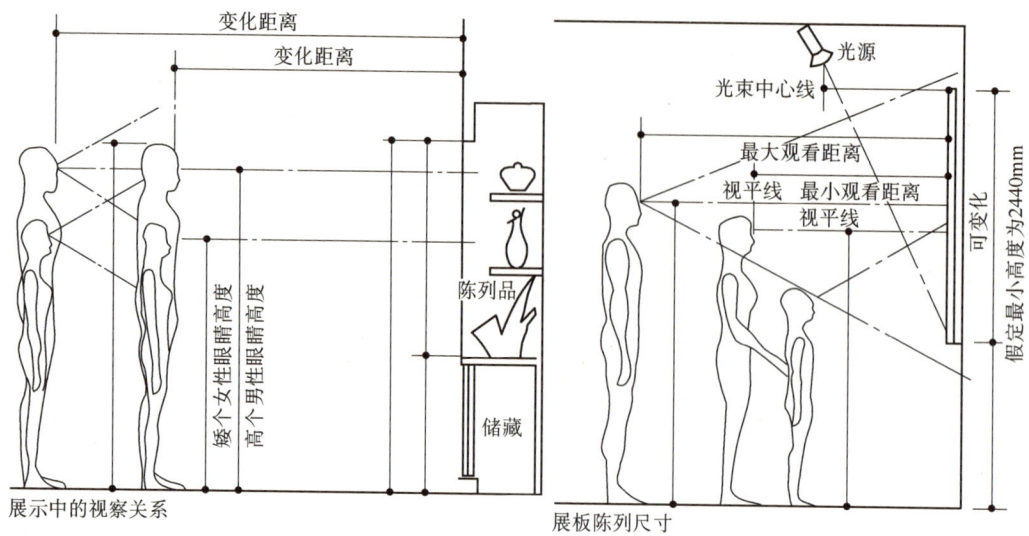

变化距离
变化距离
光源
光束中心线
最大观看距离
视平线 最小观看距离
视平线
陈列品
矮个女性眼睛高度
高个男性眼睛高度
可变化
假定最小高度为2440mm
储藏
展示中的视察关系
展板陈列尺寸

图 5-141 展示中的视觉关系

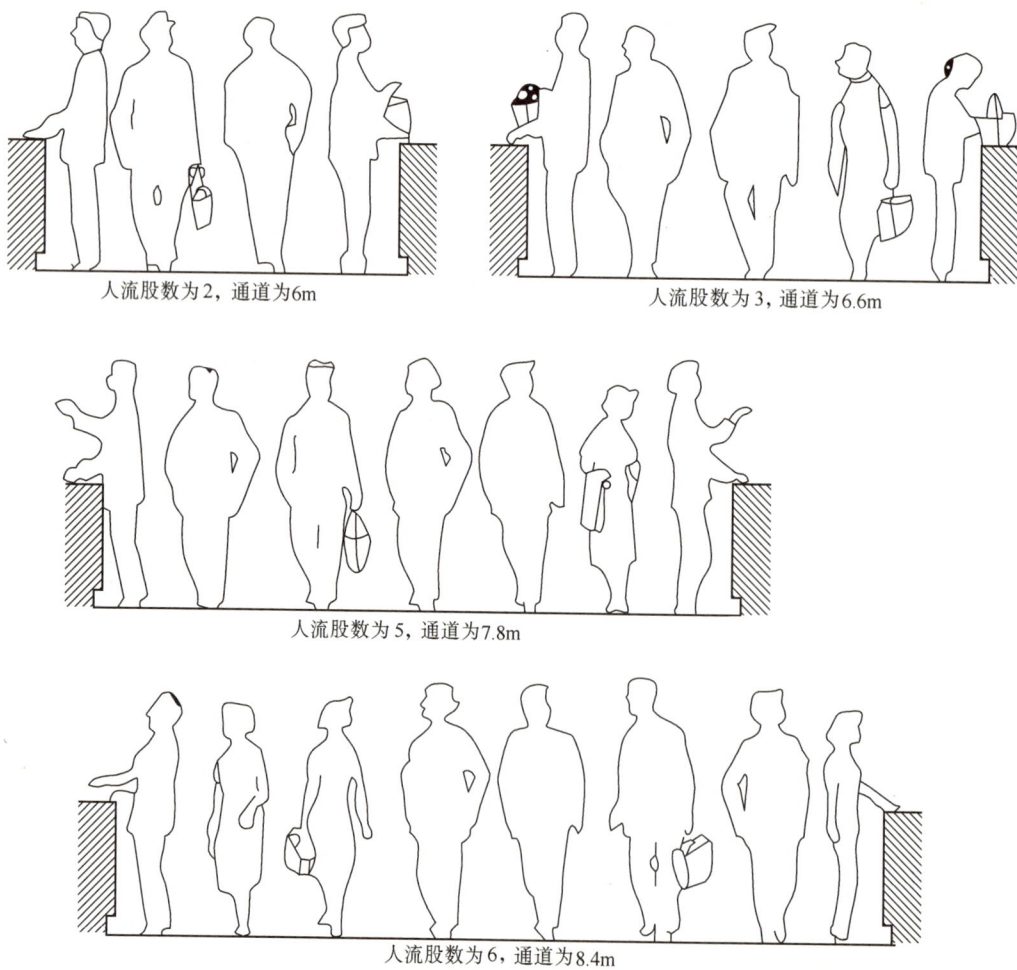

人流股数为2，通道为6m

人流股数为3，通道为6.6m

人流股数为5，通道为7.8m

人流股数为6，通道为8.4m

图 5-142 展示中人流股数与通道的关系

在为老年人设计时要考虑的因素有：①避免在座椅上前部设置横档；②沙发不要选择没有扶手或扶手太矮的，因为老年人起坐不方便，扶手可起支持作用；③阅读时需要增加20%的照明。图5-143中列出了一些老年妇女的活动数据。

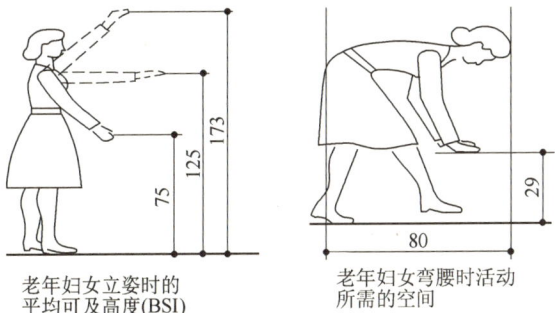

老年妇女立姿时的
平均可及高度(BSI)

老年妇女弯腰时活动
所需的空间

图5-143 老年妇女弯腰活动时所需的空间（单位：cm）

2. 残疾人

残疾人一般有视力残疾、肢体残疾、听力及语言残疾等，所以设计时首先考虑他们自身的特点，掌握相关的尺寸。图5-144是残疾人坐在轮椅上的一些相关尺寸。

此外，通道的设计也是残疾人正常通行的关键。图5-145是为残疾人设计通道时要考虑的尺寸。

对于盲人来说，地面的引导是很重要的，图5-146和图5-147是地面提示块材的类别与尺寸以及设置部位。

轮椅是腿部残疾人的辅助工具，下面就是与轮椅设计相关的一些知识，参考图5-148和图5-149，以及表5-3。

表5-3　　　　　轮椅尺寸设计　　　　单位：mm

项目	尺寸
手柄高度	915
扶手高度	760
膝部高度	685
座面高度	485
脚部高度	205
目视高度	1090～1295
总宽	660
总高	1065
脚踏板宽度	455

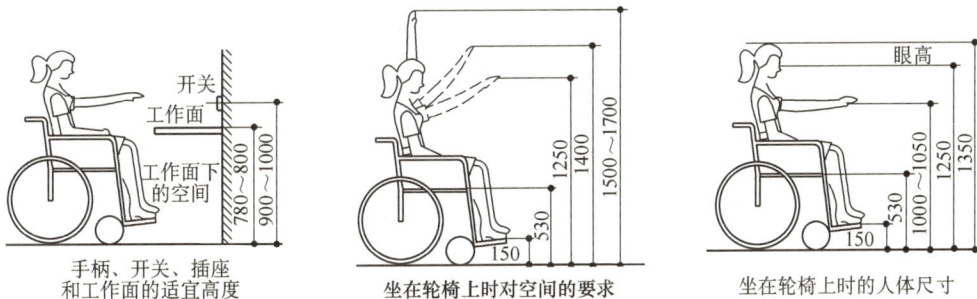

手柄、开关、插座
和工作面的适宜高度

坐在轮椅上时对空间的要求

坐在轮椅上时的人体尺寸

图5-144 残疾人坐在轮椅上的相关尺寸（单位：mm）

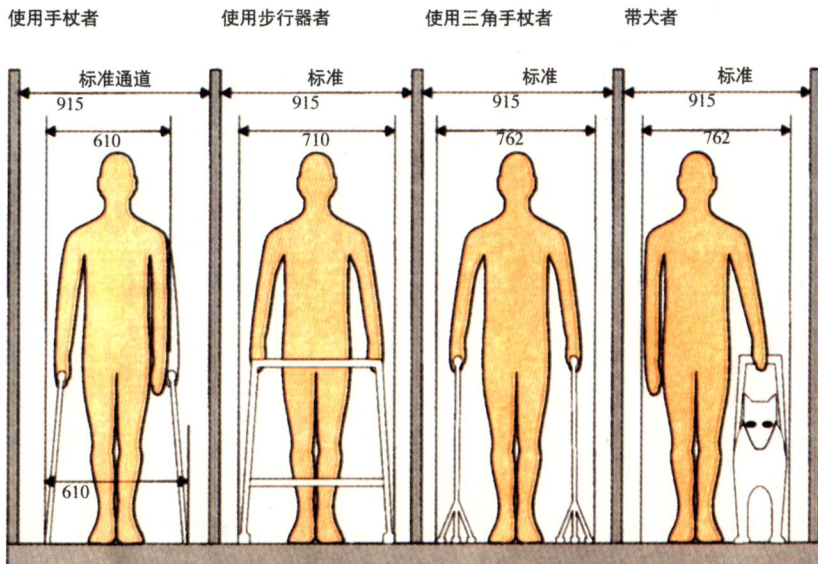

图5-145 残疾人通道设计尺寸（单位：mm）

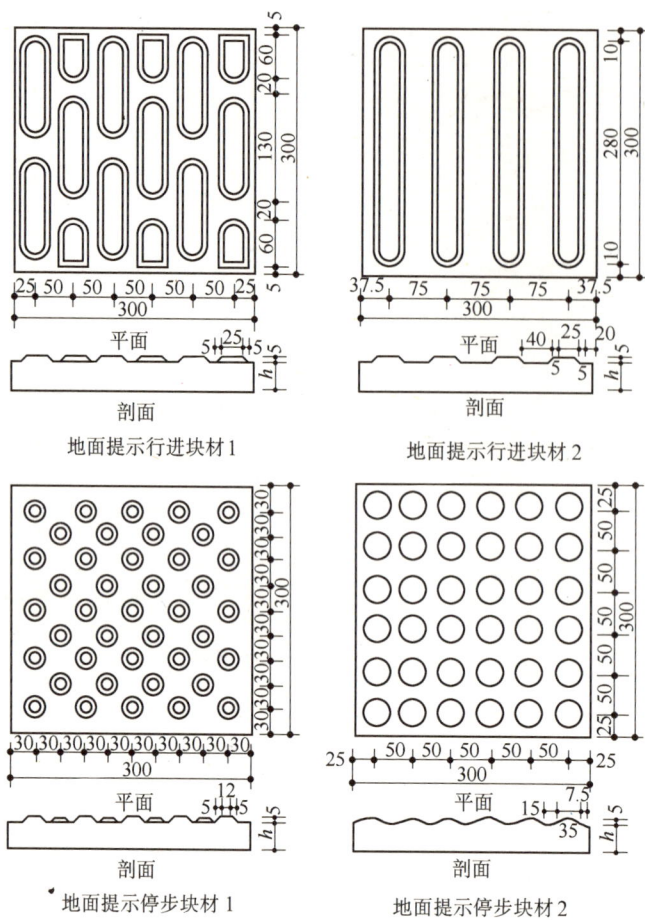

图 5-146　地面提示块材的类别与尺寸（单位：mm）

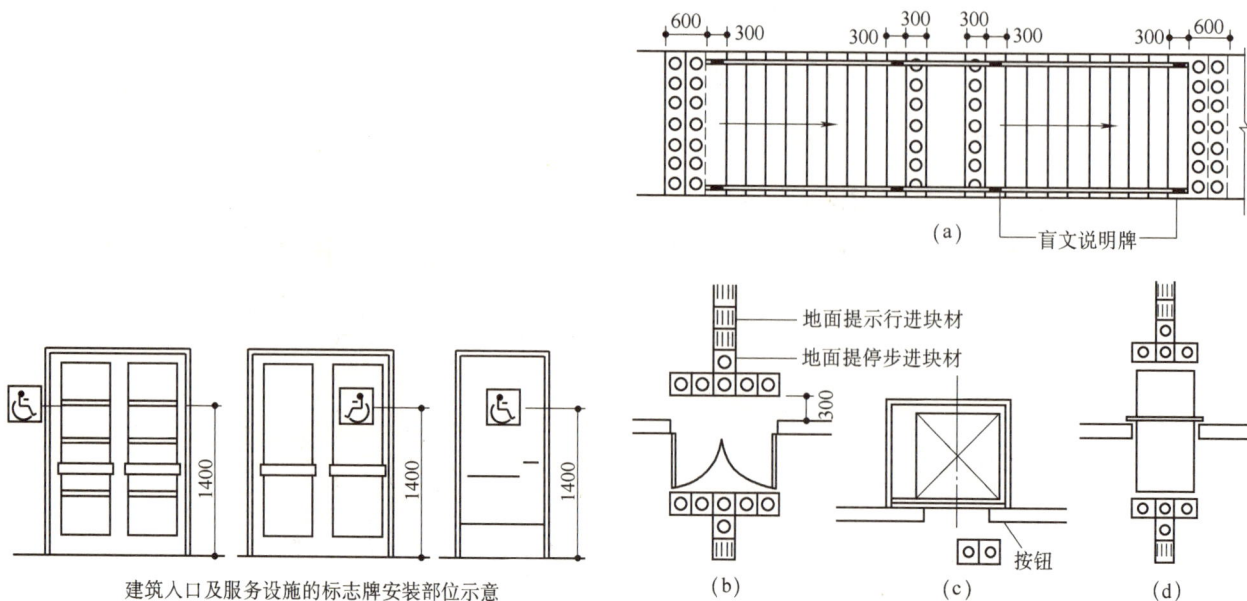

图 5-147　建筑物入口、电梯、楼梯地面提示块材的设置部位（单位：mm）
（a）楼梯梯段起点与终点；（b）平开门入口两侧；（c）电梯入口前；（d）自动门两侧

图 5-148　使用轮椅者的通用标志
(a) 白色轮椅黑色衬底；(b) 黑色轮椅白色衬底

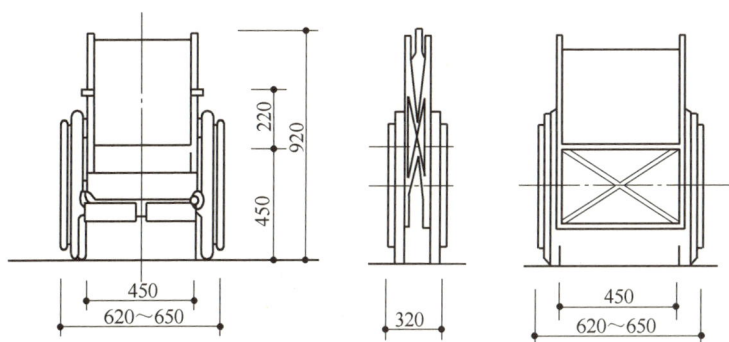

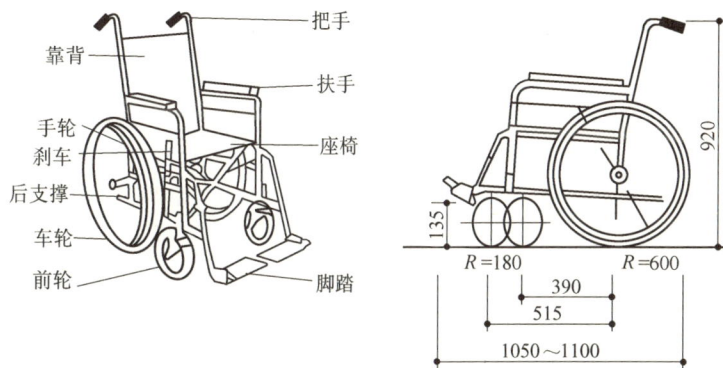

图 5-149　轮椅各部分的名称和尺寸（单位：mm）

作 业 及 思 考 题

1. 图 5-150 是一学生完成的带有很多错误的平面布置图，指出图中不合乎人体工程学的地方，并给出合理的修改意见。

2. 根据人体工程学的知识，设计一个室内空间，主题自定，要求行为空间、生理空间和心理空间都能满足使用者的要求，能体现人性化设计理念。写出设计说明。

3. 根据图 5-151 给出的限定空间（客厅、餐厅和玄关组成的不规则区域），进行人性化设计，要求行为空间、生理空间和心理空间都能满足使用者的要求。写出设计说明。（注：题 2 和题 3 可任选其一）

4. 展示空间如何体现人体工程学因素。

5. 每个同学都进行大胆而合理的设想，畅谈人体工程学未来的发展趋势。

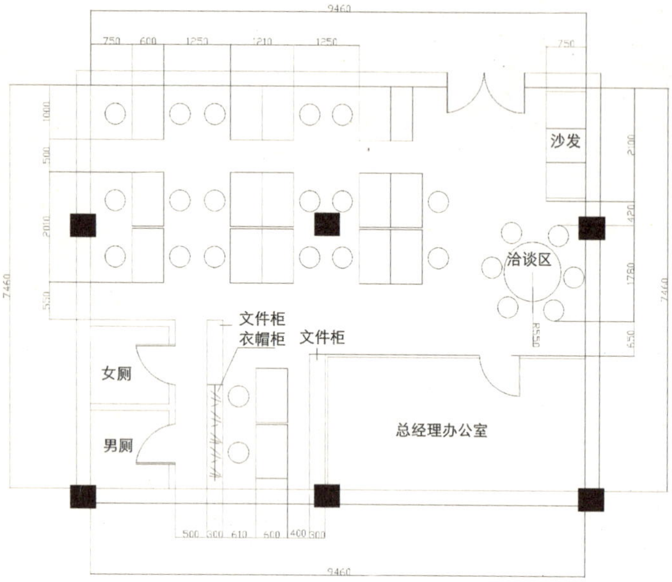

图 5-150　题 1 图（单位：mm）

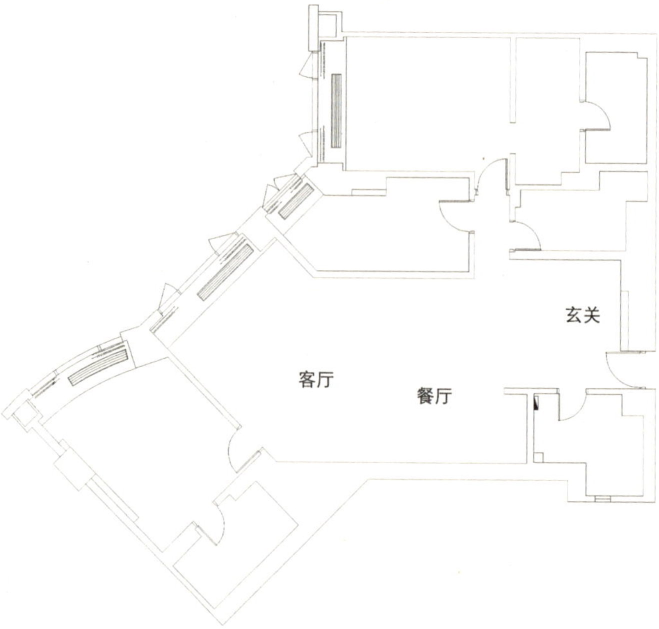

沙发

洽谈区

文件柜
衣帽柜
文件柜

女厕

男厕

总经理办公室

玄关

客厅

餐厅

图 5-151　题 3 图

第6章 人体工程学与室外环境设计

6.1 室外环境及人的行为心理

6.1.1 室外环境

1. 室外环境的概念

环境是一个很广泛的概念，一般来说，人们所在的区域就是环境，人身周围的事物也是环境。从心理学范畴而论，环境应包含从外部给予生物体作用的物理、化学、生物学以及社会性的范畴，因此就涉及自然和人工、自然和文化等科学领域，如图6-1所列举的图例。现在又出现了技术环境、文化环境、经济环境、政治环境、社会环境、教育环境、艺术环境等一些与环境有关的用语，极大地深化和拓展了"环境"这个词的静态意义。

从环境的构成角度说，室外环境是人与自然和社会直接接触并相互作用的活动天地。不仅幅员宽广，而且变化万千。阳光、绿化、水、气象、建筑、景观、人的活动、生活事件等都与人产生直接的影响，其季相、时相、气象具有动态的发展变化，有利因素与不利因素共存。

2. 室外环境的特点

室外环境和建筑内环境相比，更具有复杂性、多元性、多义性、综合性和多变性的特点。

（1）构成的多要素。环境是由自然的与人文的、有机的与无机的、有形的与无形的各种复杂元素构成的，对人产生综合刺激，诸多元素中虽有主次之分，但并非某一种单一元素在起作用，而是反映诸要素的复合作用。

（2）时空存在的多维性。外部建筑空间，虽然也是人为限定的。但在界域上它是连续绵延、无尽无休，上接蓝天，下接地势，起伏转折，走向不定的连贯性空间，比室内空间更具广延性和无限性。而在时间上的前后相随，除空间序列变化外，外环境在季相（一年四季）、时相（一天中的早、中、晚）、位相（人与景的相对位移）和人的心理时空运动所形成的时间轴，呈现一种历时性的可逆的心理变化。因此，外部空间所具有的多维性往往比室内反应更强烈，如图6-2所示的新加坡金沙酒店呈现的壮观景象。

（3）环境评价的多主体性。任何一种环境，都无法取得异口同声的褒贬。因为评价的主体不同，评价的原则与出发点则有显著的差别。占有者多从个人的体验和情感反应；其次是经营管理者，多从维护、经济等方面进行甄别。其他如城市规划、建筑学、旅行家与一般社会公众等方面的评价也各有侧重。

（4）用户的多种需求与多方位适应。环境存在着多方位的适应性问题，因为用户是有阶级、阶层、文化素质、欣赏层次、年龄结构、专业实践、活动容量、使用频率、交往形式等差别的，环境设计只有多方位的对应才能满足来自不同方位的需求。例如有针对性地创造各种活动内容的场所，按兴趣群和年龄结构层次组织环境与空间，以民俗与区域特征从事环境创造等。

图 6-1　不同的室外环境——自然环境、社交环境、居住环境、教育环境

图 6-2　新加坡金沙酒店（Sands SkyPark）将三座顶级酒店连为一体，屋顶空中花园可以360°全角俯瞰建筑外部空间之美

（5）环境艺术的多重性。环境艺术和其他造型艺术一样，有它自身的组织结构，表现一定的肌理和质地，具有一定的形态和形状，传达一定的情感信息，包含一定的社会、文化、地域、民俗的含义，上海世博会的展馆便有很多这方面的实例，如图 6-3 所示。所以它具有自然属性和社会属性，是属于科学、哲学和艺术的综合。

6.1.2　室外空间中人的行为习性

行为（活动）习性迄今没有严格的定义。它是人的生物、社会和文化属性（单独或综合）与特定的物质和社会环境长期、持续和稳定地交互作用的结果。较普遍存在的主要行为习性可归纳如下。

1.　动作性行为习性

有些行为习性的动作倾向明显，几乎是动作者不假思索作出的反应，因此可以在现场对这类现象进行简单的观察、统计和了解。但正因为简单，有时反而无法就其原因作出合理的解释，也难以推测其心理过程，只能归因于先天直觉、生态知觉或者后天习惯的行为反应。

（1）抄近路。世上本无路，走的人多了，也就成了路。如图 6-4 所示，只要观察一下人穿过草地或平地时的步行轨迹，就可明了，在目标明确或有目的移动时，

只要不存在障碍，人总是倾向于选择最短路径行进，即大致成直线向目标前进。只有在伴有其他目的，如散步、闲逛、观赏时，才会信步任其所至。抄近路习性可说是一种泛文化的行为现象，放之四海而皆准。对于草地上的这类穿行捷径，有 2 种解决办法：①设置障碍（如围栏、土山、矮墙、绿篱、假山和标志等），使抄近路者迂回绕行，从而阻碍或减少这种不希望发生的行为；②在设计和营建中尽量满足人的这一习性，并借以创造更为丰富和复杂的建筑环境。

（2）靠右通行。道路上既然有车辆和人流来回，就存在靠哪一侧通行的问题。对此，不同国家有不同的规定。在中国，靠右侧通行沿用已久。明确这一习惯并尽量减少车流和人流的交叉，对于外部空间的安全疏散设计具有重要意义。

（3）逆时针转向。追踪人在公园、游园场所和博览会中的流线轨迹，会发现大多数人的转弯方向具有一定的倾向性。日本学者户川喜久二（1963）考察过电影院、美术馆中观众的流线轨迹，渡边仁史（1971）研究过游园时游客的转弯方向，都证实观众或游人具有沿"逆时针方向"转弯的倾向。其中，后一项研究中，逆时针转向的游人高达 74％，如图 6-5 所示。

图 6-3 中国上海世博会各国家风格迥异的展馆设计是
环境艺术设计精髓展示的盛宴

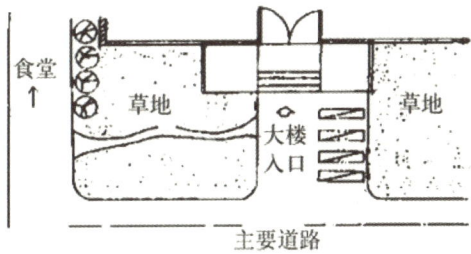

图 6-4 抄近路实例

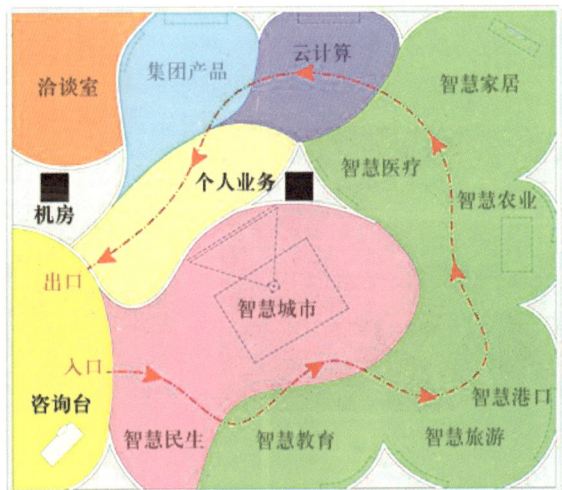

图 6-5 某电信移动体验展示厅游人游览路线图设计，
迎合人们由入口到出口逆时针方向转弯的行
为习惯

（4）依靠性。观察表明，人总是偏爱逗留在柱子、树木、旗杆、墙壁、门廊和建筑小品的周围和附近。用环境心理学的术语来说，这些依靠物具有对人的吸引半径，在日本纸野火车站进行的观察也得出类似的结果。研究者认为，旅客想要使自己置身于视野良好、不为人注视或不受人流干扰的地方，在没有座椅的情况下，柱子就可能成为可供依靠的依靠物。

2. 体验性行为习性

体验性行为习性涉及感觉与知觉、认知与情感、社会交往与社会认同以及其他内省的心理状态。这些习性虽然最后也表现为某种活动模式或倾向，但一般通过简单的观察只能了解其表面现象，必须通过体验者的自我报告（包括各种文章的评说）才能对习性有较深入的理解。

（1）看人也为人所看。"看人也为人所看"在一定程度上反映了人对于信息交流、社会交往和社会认同的需要。通过看人，了解到流行款式、社会时尚和大众潮流，满足人对于信息交流和了解他人的需求；通过为人所看，则希望自身为他人和社会所认同；也正是通过视线的相互接触，加深了相互间的表面了解，为寻求进一步交往提供了机会，从而加强了共享的体验。

（2）围观。此类现象在日常生活中所见较多，既反映了围观者对于相互进行信息交流和公共交往的需要，也反映了人们对于复杂和刺激，尤其是新奇刺激的偏爱。正是出于上述需要和偏爱，人们在相对自由的外部空间中易于引发各种广泛和特殊的探索行为，图6-6为围观人群实例。

（3）安静与凝思。在城市中生活，必然会受到各种应激物的消极影响。因此，在体验到丰富、复杂和生气感的同时，有时也非常需要在安静状态中休息和养神。可以说，寻求安静与凝思是对繁忙生活的必要补充，也是人的基本行为习性之一。

6.2 室外踏步与坡道

在城市空间环境中，由于地势原因或功能需要，常常要改变地平面的高差。而踏步与坡道是连接地面高差的主要交通设施。一般的，当地面坡度超过12°时就应设置踏步，当地面坡度超过20°时，一定要设置踏步，当地面坡度超过35°时，在踏步的一侧应设扶手栏杆，当地面坡度达到60°时，则应做蹬道、攀梯，可参见图6-7所示实例。

6.2.1 踏步的设计要点及相关尺寸

（1）通常，设计城市室外空间环境中的踏步时，适当地降低踏面高度，加宽踏面，可提高台阶的使用舒适性。图6-8为国外某公园舒适性极佳的踏步设计实例参考。

图6-6 合成"向心型"和排列成"一字型"的围观人群

图6-7 根据坡度实际情况的不同设计的踏步

图 6-8　国外某公园舒适性极佳的踏步设计

图 6-9　某公园加设的踏步休息平台

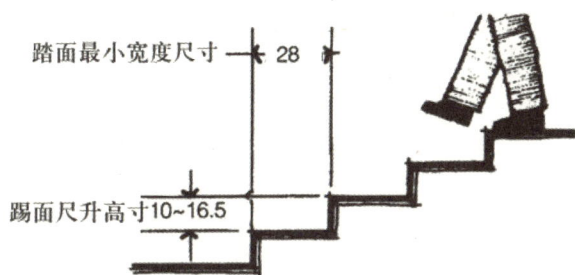

图 6-10　台阶的尺寸标准（单位：cm）

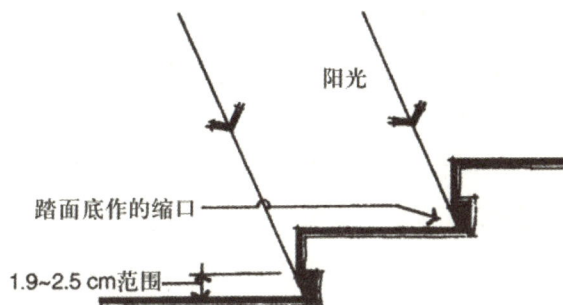

图 6-11　台阶的细部处理

（2）踢面高度（h）与踏面宽度（b）的关系如下，$2h+b=60-65$（cm）。假设踏面宽度定为 30cm，则踏面高度为 15cm，若踏面宽增加至 40cm，则踏面高降到 12cm 左右。一般室外踏面面宽在 35cm 左右的台阶较为合适。

（3）如果台阶长度超过 3m 或者需要改变攀登方向，为了安全，应在中间设置一个休息平台，通常平台的深度为 1.5m 左右，如图 6-9 所示。

（4）适宜的坡度在 1:2～1:7 之间，级数以 11 级左右较为适宜，最多不得超过 19 级。

（5）踏面应设置 1% 左右的排水坡度。踏面应作防滑处理，天然石台阶不要做细磨饰面。图 6-10 为台阶的尺寸标准，图 6-11 为台阶的细部处理。

6.2.2 坡道的设计要点及相关尺寸

（1）城市道路的坡道设置与无障碍设计相关，坡道的标准最小宽度宜为 1.2m。如果考虑轮椅与行人通行的方便与舒适，最小宽度应设定在 1.5m 以上，轮椅会车的地方最小宽度为 1.8m，可参考图 6-12。

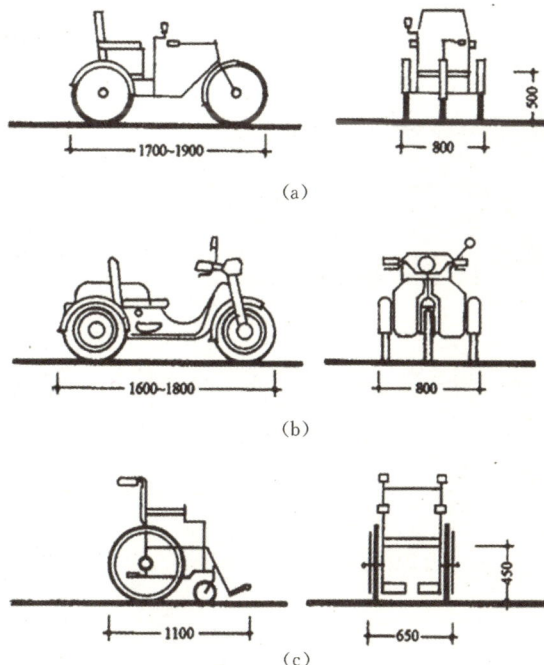

图 6-12　轮椅的参数（单位：mm）
（a）手摇三轮车；（b）机动三轮车；
（c）手动四轮轮椅基础参数

（2）坡度小于 5°的坡道对步行来说是安全有利的，7°是选择坡道还是台阶的分界线。考虑到轮椅的使用，坡道在室内最好控制在 5°左右，室外控制在 3°左右，斜坡长度也不要超过 12m。

（3）长的坡道应考虑使用带坡的踏步，在两段斜坡之间设三至四级踏步。踏步突沿必须明确显示，以保证使用者能看到踏步。对于长距离的斜面来说，每隔 9m 应设计一个平台。

（4）坡道上应设置扶栏，栏杆长度应在距坡道起、终端 45cm 处作连续设置。若只设置 1 组栏杆，其标准高为 80～85cm，若设置 2 组，则栏杆的高度应分别为 65cm 和 85cm，可参考图 6-13。

6.3 室外坐具设计

坐具是公共设施中最为常见的一种服务性设施，人们在室外环境中休息、交谈、观赏都离不开坐具。我们通常称可以支撑人体重量的物品为坐具，主要分为显性的坐具与隐性的坐具，显性坐具多指传统意义上的凳、椅，隐性坐具是在近现代逐渐兴起，如花坛、种植池、置石等同时兼有休息功能的小品。如图 6-14 所示，提供的不同室外坐具实例。

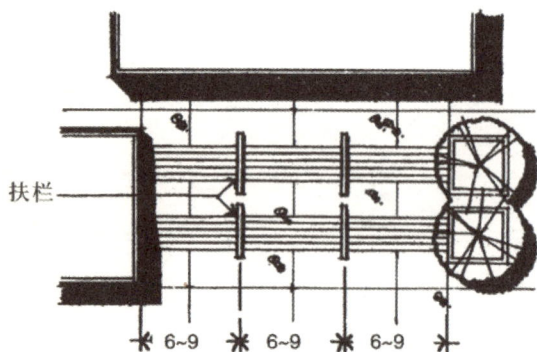

图 6-13　台阶中扶栏的宽度尺寸（单位：m）

（a）

（b）

（c）

（d）

图 6-14　不同形式的室外坐具
（a）和（b）为传统显性公园座椅设计；（c）现代兼具雕塑性质的隐性室外坐具；
（d）兼具地灯功能的隐性现代室外坐具设计

6.3.1 室外坐具的设计相关尺寸

1. 座面部分

（1）为了使座椅更舒适，靠背与座面之间可以保持95°～105°的夹角，而座面与水平面之间也应保持2°～10°的倾角。

（2）对于有靠背的座椅，座面的深度可以选择30～45cm之间，而对于没有靠背的座椅，座面的深度可以在75cm左右，45cm的座面高度可以提高座椅的舒适度。

（3）座面的前缘应该做弯曲的处理，尽量避免设计成方形。

（4）座椅的长度视具体情况而定，一般为每位使用者60cm的长度。

2. 靠背部分

（1）为了增加座椅的舒适度，座椅的靠背应微微向后倾斜，形成一条曲线。

（2）座椅靠背的高度可以保持50cm，这样不仅可以让使用者的后背得到支撑，连肩膀也会感到有所依靠。

（3）没有靠背的座椅应该允许使用者在两边同时使用。

以上是室外公共坐具设计的传统参考尺寸值，近10年，无论国内国外的室外坐具设计呈现出各种风格、用途，材质甚至是多媒体科技介入的异彩纷呈之势，因此设计者可以大胆结合所服务地域的文化诉求和本着以人为本的设计理念，具体情况具体设计最终完成符合实际情况的被大众所喜爱的坐具系列。

6.3.2 室外坐具布置要点

人利用空间进行交往时有多种需要，因此，在公共空间中，座椅的布置必须采取多种形式。如直线排列、直角排列，也可组群排列。由于直线排列座椅的方式对交谈者，尤其是多人聚在一块的交谈有种种不便，故不应将其作为单一不变的手段。直角排列的座椅很适合夫妇或情侣使用，但要避免排列时过于拥挤；防止膝盖相碰。组合群排列的座椅应尽可能的变化距离和朝向，以适应不同的使用者的需要，如图6-15和图6-16所示。

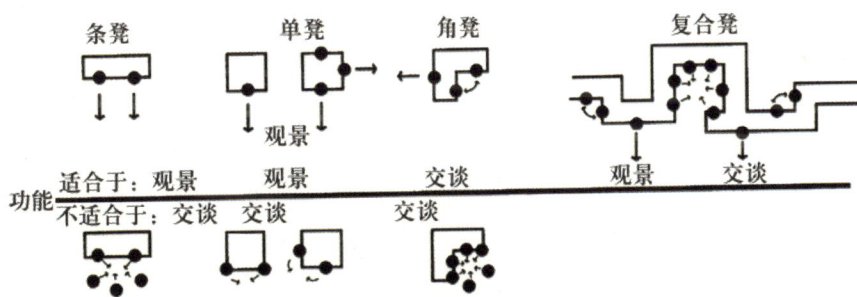

图 6-15 公共空间中单独或组群直角形坐具系列

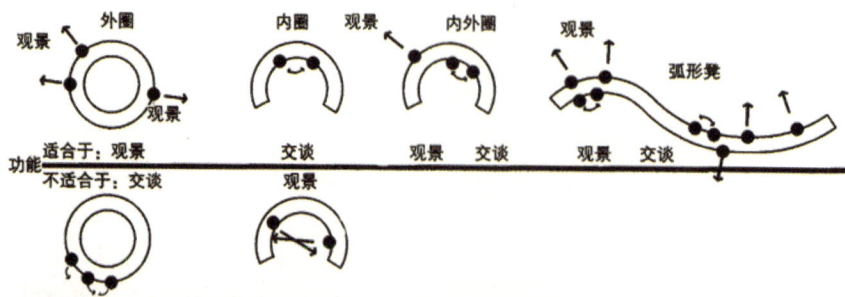

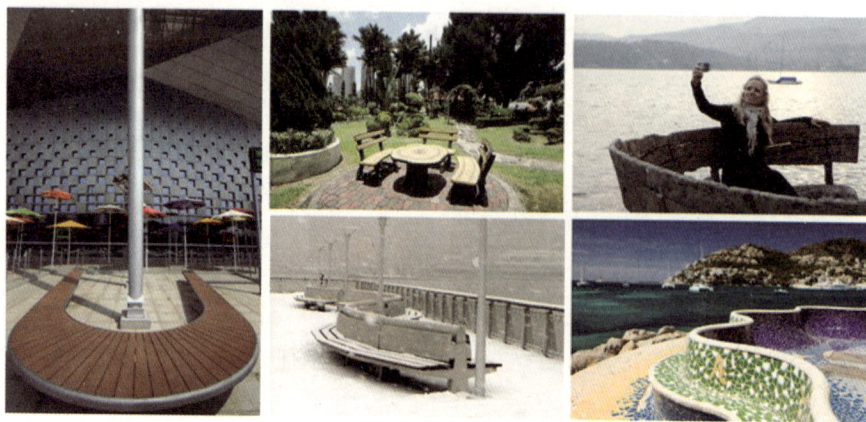

图 6-16　公共空间中单独或组群弧形坐具系列

6.4　停车设施设计

6.4.1　室外停车场的设计原则

（1）按照城市规划确定的规模、用地、与城市道路连接方式等要求及停车设施的性质进行总体布置，如图6-17所示。

（2）停车设施出入口不得设在交叉口、人行横道、公共交通停靠站及桥隧引道处，一般宜设置在次干道上，如需要在主要干道设置出入口，则应远离干道交叉口并用专用通道与主干道相连，停车设施出入口设置的数量应符合消防等规范的规定。

（3）停车设施的交通流线组织应尽可能遵循"单向右行"的原则，避免车流相互交叉，并应配备醒目的指路标志。

（4）停车设施设计必须综合考虑路面结构、绿化、照明、排水及必要的附属设施的设计。

6.4.2　室外停车场的相关设计基础及尺寸

停车场包括地面停车场、地下停车场以及立体式停车场。停车场内，机动车的停靠方式一般有平行停车、垂直停车、30°停车、45°停车、45°交叉停车、60°停车等。

1. 平行停车

车体与停车线平行，是最常用的路边停车方式，适用于路幅较窄的道路（见图6-18）。

2. 垂直停车

车体与停车线垂直停靠的方式，需要比较宽裕的停车空间，车体之间要留出足够的空间供乘车人上下车（见图6-19）。

3. 30°停车

有前进停车和后退停车两种停靠方式，前进停车比较普遍，适用于车道较窄的地方。每辆停靠车辆的占地面积较大（见图6-20）。

4. 45°停车

前进、后退皆可停车，前进停车较普遍（见图6-21）。

5. 45°交叉停车

两列45°停靠的车辆相互反向交叉，有效节省了车辆的单位占地面积（见图6-22）。

6. 60°停车

最便利的停车方式，但是需要较宽的车道提供足够的转向和倒车空间，也可实施交叉停车（见图6-23）。

图 6-17 大型停车场设计应充分结合实际地形与人流交通等因素综合考虑设计

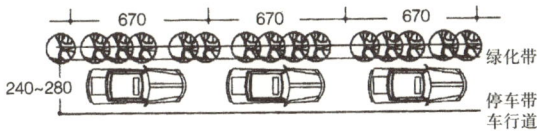

图 6-18 平行停车（单位：cm）

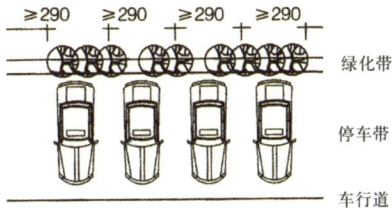

图 6-19 垂直停车（单位：cm）

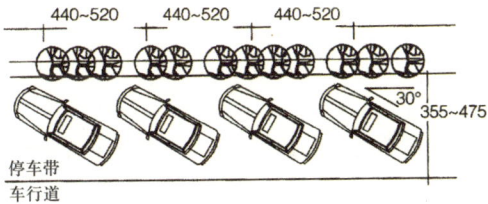

图 6-20 30°停车（单位：cm）

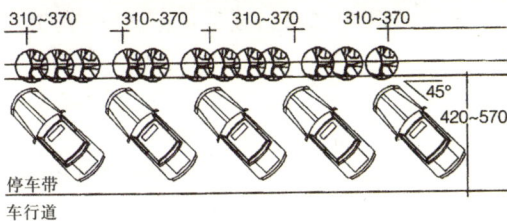

图 6-21 45°停车（单位：cm）

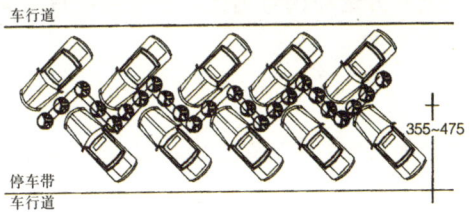

图 6-22 45°交叉停车（单位：cm）

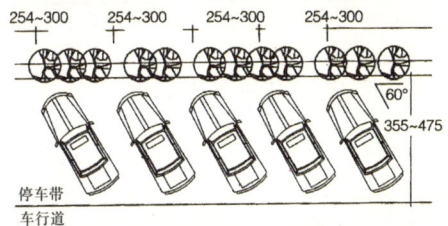

图 6-23 60°停车（单位：cm）

附录

一、室内装饰装修材料木家具中有害物质限量（GB 18584—2001）（节选）

1. 范围

本标准规定了室内使用的木家具产品中有害物质的限量要求、试验方法和检验规则。本标准适用于室内使用的各类木家具产品。

2. 要求

木家具产品应符合表1规定的有害物质限量要求。

表1　　　　　　　有害物质限量要求

项　目		限量值
甲醛释放量（mg/L）		≤1.5
重金属含量（限色漆，mg/kg）	可溶性铅	≤90
	可溶性镉	≤75
	可溶性铬	≤60
	可溶性汞	≤60

注　该标准从2002年1月1日起实施，2002年7月1日正式执行。

二、居室空气中甲醛的卫生标准（GB/T 16127—1996）

1. 主题内容与适用范围

本标准规定了居室内空气中甲醛的最高容许浓度。

本标准适用各类城乡住宅内的空气环境。

2. 引用标准

居住区大气中甲醛卫生检验标准方法（GB/T 16129）AHMT 分光光度法。

3. 最高容许浓度

居室内空气中甲醛卫生标准（最高容许浓度）规定为 $0.08g/m^3$。

4. 监测检验方法

本标准的监测检验方法见 GB/T 16129。

附加说明：

本标准由中华人民共和国卫生部提出。

本标准由中国预防医学科学院环境卫生监测所、北京医科大学、辽宁省卫生防疫站、山东省卫生防疫站负责起草。

本标准主要起草：刘君卓、李长善、钟绵华、谷雪兰、秦钰慧。

本标准由卫生部委托技术归口单位中国预防医学科学院环境卫生监测所负责解释。

国家技术监督局 1995-12-15 批准 1996-07-01 实施。

三、室内空气中二氧化碳卫生标准（GB/T 17094—1997）

1. 范围

本标准规定了室内空气中二氧化碳标准值和检验方法。

本标准适用室内空气的监测和评价，不适用于生产性场所的室内环境。

2. 标准值

室内空气中二氧化碳卫生标准值不大于 0.10%（2000mg/m³）。

3. 监测检验方法

本标准的监测检验方法见附图 A。（略）

国家技术监督局 1997-11-11 批准 1998-12-01 实施。

四、室内空气中氮氧化物卫生标准（GB/T 17096—1997）

1. 范围

本标准规定了室内空气中氮氧化物的日平均最高容许浓度和监测检验方法。

本标准适用于室内空气的监测和评价，不适用于生产性场所的室内环境。

2. 卫生要求

室内空气中氮氧化物（以二氧化氮计）日平均最高浓度规定为 0.10mg/m³。

3. 监测检验方法

见附录 A（标准的附录）。（略）

附加说明：

本标准的附录 A 是标准的附录。

本标准由中华人民共和国卫生部提出。

本标准起草单位：哈尔滨医科大学、辽宁省卫生防疫站。

本标准主要起草人：刘占琴、陈丽华、范春、李文杰、王贤珍。

本标准由卫生部委托技术归口单位中国预防医学科学院负责解释。

国家技术监督局 1997-11-11 批准 1998-12-01 实施。

五、室内空气中二氧化硫卫生标准（GB/T 17097—1997）

1. 范围

本标准规定了室内空气中二氧化硫的最高容许浓度和检验方法。

本标准适用于室内空气的监测和评价，不适用生产性场所的室内环境。

2. 引用标准

下列标准包含的条文，通过在本标准中引用而构成为本标准的条文。

本标准出版时，所有版本均为有效。

所有标准都会被修订，使用本标准的各方应探讨使用下列标准最新的版本的可能性。

居住区大气中二氧化硫卫生标准检验方法（GB 8913—88）四氯汞盐盐酸副玫瑰苯胺分光光度法。

3. 卫生要求

室内空气中二氧化硫的日平均最高容许浓度值规定为 0.15mg/m³。

4. 监测检验方法

本标准检验方法。

本标准监测检验方法见 GB 9813。

附加说明：本标准由中华人民共和国卫生部提出。

本标准由中国预防医学科学院环境卫生监测所负责起草；山东省卫生防疫站参加起草。

本标准主要起草人：尹先仁、于青。

本标准由卫生部委托技术归口单位中国预防医学科学院负责解释。

国家技术监督局 1997-11-11 批准 1998-12-01 实施。

六、住房内氡浓度控制标准（GB/T 16146—1995）

1. 主题内容与适用范围

本标准规定了住房内空气中氡及其子体浓度的控制标准。

本标准适用于公众居住的住房（包括作为住房的地下空间）。

本标准不适用于非居住性的地面建筑和地下建筑。

2. 引用标准

GB 6566 建筑材料放射卫生防护标准。

GB 6763 建筑材料用工业废渣放射性物质限制标准。

GB/T 16147 空气中氡浓度的闪烁瓶测量方法。

GB/T 605 氡及其子体测量规范。

3. 控制标准

住房内氡及其子体对公众的照射是天然辐射源对公众的附加照射。根据其可控程度，将住房分为已建和新建两类，分别给出相应的氡及其子体浓度的控制标准。

3.1
对已建住房，可考虑采取简单补救行动来控制氡及其子体照射，使住房内的平衡当量氡浓度年平均值不超过 200Bq/m³。

3.2
对新建住房，应在设计和建筑时加以控制，使住房内的平衡当量氡浓度年平均值不超过 100Bq/m³。

4. 标准实施

4.1
新建住房的设计和建造以及对已建住房采取简单补救行动时，所选用的建筑材料必须符合 GB 6566、GB 6763 的要求。

4.2
为控制和降低已建住房内氡及其子体对公众的辐射照射而采取的简单补救行动，包括加强通风、住房内表面喷涂、堵塞墙壁的缝隙等简易而有效的降氡措施，而对住房采用破坏性行动（改建、部分拆除）则是需要慎重考虑的补救行动，需用防护最优化来进行指导。

4.3
住房内氡及其子体浓度的测量方法可采用 GB/T 16147 或 EJ/T 605 中规定的方法。

国家技术监督局 1995 - 12 - 15 批准 1996 - 07 - 01 实施。

参 考 文 献

［1］ 欧志恒. 家居设计新视角［M］. 北京：中国建材工业出版社，比格出版有限公司，2002.
［2］ 丽萨·斯·科尔妮科. 合理的储藏美［M］. 陈行洁，译. 上海：上海美术出版社，2004.
［3］ 杰克·克莱文. 健康家居［M］. 王角勤，译. 上海：上海美术出版社，2004.
［4］ 格伦纳·默顿. 装修诀窍201［M］. 谢冬梅，译. 上海：上海人民美术出版社，2004.
［5］ 李文彬，朱守林. 建筑室内与家具设计人体工程学［M］. 北京：中国林业出版社，2002.
［6］ 刘盛璜. 人体工程学与室内设计［M］. 北京：中国建筑出版社，1999.
［7］ 张绮曼，郑曙旸. 室内设计资料集［M］. 北京：中国建筑工业出版社，1994.
［8］ 赵云川. 展示设计［M］. 北京：中国轻工业出版社，2001.
［9］ 广川启智. 日本建筑及空间设计精粹［M］. 北京：中国轻工业出版社，贝塔斯曼国际出版公司，2000.
［10］ 朱利娅·伯纳德，尼古拉·伯纳德. 时尚家居手册［M］. 吕军，朱雪梅，译. 北京：中国轻工业出版社，1999.
［11］ 阿尔文·R·蒂利. 人体工程学图解——设计中的人体因素［M］. 朱涛，译. 北京：中国建筑工业出版社，1998.
［12］ 杨迅捷. 空间剧情［M］. 北京：中国建筑工业出版社，2004.
［13］ Design Entrances for Retail and Restaurant Spaces. Rockport Publishers, Inc., 1999.
［14］ Anna Kasabian. East Coat Rooms. Rockport Publishers, Inc., 2001.
［15］ Penelope Cream, Marks & Spencer. Kitchens Design Styles. P. I. C., 1997.
［16］ Lisa Kanarek. Homeoffice Life. Rockport Publishers, Inc., 2001.
［17］ Edie Cohen. West Coat Rooms. Rockport, 2001.
［18］ 安昌奎，韩志丹. 商业店堂设计［M］. 沈阳：辽宁科学技术出版社，1995.
［19］ 彭亮. 家具设计与制造［M］. 北京：高等教育出版社，2001.
［20］ Nayana Currimbhoy. Designing Entrances for Retail and Restaureant Spaces. Rockport Publishers, Inc., 1999.
［21］ Ann Mcardle. Elegant Interiors. Rockport Publishers, Inc., 2000.
［22］ Alan Berman. Healthy Home Handbook. Frances Lincoln Limited, 2000.
［23］ Mark Mccauley, Asid. Color Therapy at Home. Rockport Publishers, Inc., 2000.
［24］ Victor Shklovsky. Casas Junto Al Agua. Loft Publications S. I., 2000.
［25］ Vernon Mays. Office Work Spaces. Rockport Publishers, Inc., 1999.
［26］ 斋藤武. 室内设计表现手法［M］. 孙逸增，汪丽芬，译. 沈阳：辽宁科学技术出版社，2000.
［27］ 武峰. CAD室内设计施工图常用图块3［M］. 北京：中国建筑工业出版社，2002.
［28］ 张远林. 减法设计/客厅［M］. 深圳：海天出版社，2004.
［29］ 洛里·马克. 工作间［M］. 宋晔皓，译. 北京：中国建筑工业出版社，2001.
［30］ 张远林. 减法设计/餐厅厨房［M］. 深圳：海天出版社，2004.
［31］ 丁玉兰. 人机工程学［M］. 北京：北京理工大学出版社，2003.
［32］ 杨公侠. 建筑·人体·效能建筑工效学［M］. 天津：天津科学技术出版社，2000.
［33］ 曾坚，朱立珊. 北欧现代家具［M］. 北京：中国轻工业出版社，2002.
［34］ 建设部住宅产业促进中心. 2003中国住宅创新夺标获奖楼盘设计经典［M］. 北京：中国城市出版社，2003.
［35］ 梅尔·拜厄斯. 50款椅子［M］. 劳红娟，译. 北京：中国轻工业出版社，2000.
［36］ 梅尔·拜厄斯. 50款桌子［M］. 姜玉青，译. 北京：中国轻工业出版社，2000.
［37］ 潘居然. 跨越2000电脑效果图［M］. 北京：中国轻工业出版社，2000.
［38］ judiradice. restaurant design 2. PBCinternational, Inc., 2001.
［39］ pegler m. stores of the year martin. retail reporting corporation, 1998.
［40］ christy casamassima. Restaurant 2000. PBCinternational, Inc., 1998.
［41］ 斯蒂芬·耐普. 玻璃装饰艺术［M］. 北京：中国轻工业出版社，2000.
［42］ 江敬艳. 家具设计［M］. 长沙：湖南大学出版社，2008.
［43］ 刘昱初，程正渭. 人体工程与室内设计［M］. 北京：中国电力出版社，2008.
［44］ 蔺宝钢，吕小辉，何泉. 环境景观设计［M］. 武汉：华中科技大学出版社，2007.